固体废物循环利用技术丛书

铬镍冶金渣处理与利用技术

张深根 刘 波 编著

北 京

冶金工业出版社

2024

内 容 简 介

本书主要介绍了铬镍冶金渣的来源、特点和处置原则及相关的资源化技术。全书共分 7 章，主要内容包括铬镍冶金渣概论、铬镍冶金渣的物理化学特性、铬镍冶金渣的预处理技术、微晶玻璃固化技术、水泥固化技术、陶瓷固化技术、玻璃固化技术等，比较全面地反映了铬镍冶金渣处理和资源化的研究进展，以及编著者所在团队近年来在本领域取得的研究成果。

本书可供废物资源化领域及环境科学与工程、材料科学与工程、冶金科学与工程等领域的科研人员和高校师生阅读与参考。

图书在版编目（CIP）数据

铬镍冶金渣处理与利用技术/张深根，刘波编著.
北京：冶金工业出版社，2024.12. --（固体废物循环
利用技术丛书）. -- ISBN 978-7-5240-0045-7

Ⅰ. X757

中国国家版本馆 CIP 数据核字第 2024A8C012 号

铬镍冶金渣处理与利用技术

出版发行	冶金工业出版社	电　　话	(010)64027926
地　　址	北京市东城区嵩祝院北巷 39 号	邮　　编	100009
网　　址	www.mip1953.com	电子信箱	service@ mip1953.com

责任编辑　杜婷婷　俞跃春　美术编辑　彭子赫　版式设计　郑小利
责任校对　葛新霞　责任印制　窦　唯
三河市双峰印刷装订有限公司印刷
2024 年 12 月第 1 版，2024 年 12 月第 1 次印刷
710mm×1000mm　1/16；12.25 印张；237 千字；185 页
定价 96.00 元

投稿电话　（010）64027932　投稿信箱　tougao@cnmip.com.cn
营销中心电话　（010）64044283
冶金工业出版社天猫旗舰店　yjgycbs.tmall.com
（本书如有印装质量问题，本社营销中心负责退换）

前　　言

　　铬、镍是重要的战略资源，广泛应用于冶金、化工、耐火材料等领域。铬、镍冶炼过程中会产生数量庞大的铬镍冶金渣，如铬铁渣、不锈钢渣、高炉镍铁渣、电炉镍铁渣等。这些固体废物的资源化利用不仅可以有效缓解原矿资源日益短缺的问题，同时也可以防止其对环境的污染。铬镍冶金渣的绿色、高效处置和高值化利用，已吸引了国内外研究学者的广泛关注。

　　与发达国家相比，我国铬镍冶金渣的处置与再利用技术水平仍有较大的提升空间，填埋、铺路、生产水泥等传统处置方式在我国仍占相当大的比例，这样的处置方式不仅会造成二次资源的低值化利用，而且还会污染环境。因此，大力推广最新的铬镍冶金渣处置和高值化利用技术对提高我国二次资源再利用水平、减少重金属污染具有重要意义。

　　本书凝练了编著者团队和国内外同行近年来在铬镍冶金渣资源化领域取得的主要科研成果，力图系统反映铬、镍二次资源的种类及特点、检测分析、提取、分离、提纯等前沿技术。本书分为7章。第1章概述了铬镍冶金渣的来源、特点、环境污染风险及回收现状。第2章详细介绍了铬镍冶金渣的物理化学特征，并总结了取样和分析检测方法。第3章介绍了铬镍冶金渣的预处理技术和常用装备。第4~7章分别针对铬镍冶金渣的处理技术进行全面论述，重点介绍了微晶玻璃固化技术（第4章）、水泥固化技术（第5章）、陶瓷固化技术（第6章）和玻璃固化技术（第7章）。本书还介绍了编著者团队近年来一些研究实例，如含 Cr 危固微晶玻璃的制备及 Cr、Ni 固化机理，铅锌冶炼渣微晶玻璃的制备及 Pb、Cd 固化机理等。

本书在编写过程中，参考了有关文献资料，在此向这些文献资料的作者表示感谢。

由于编著者水平所限，书中不妥之处，敬请广大读者批评指正。

编著者

2024 年 2 月

目　　录

1 铬镍冶金渣概论

1.1 铬镍冶金渣的来源

1.1.1 铬冶金渣的来源

碳素铬铁是冶炼不锈钢、轴承钢等最重要的合金添加剂[1]，其生产工艺为：以焦炭为还原剂，以硅石或铝土矿为熔剂，在还原电炉中还原铬铁矿[2]。每生产 1 t 碳素铬铁消耗 2.5~2.6 t 铬铁矿，并产生 1.1~1.2 t 铬铁渣[3-4]。按照含碳量的不同，铬铁渣一般分为高碳铬铁渣和中（低、微）碳铬铁渣[5]。高铬铁渣呈铁锈红或暗绿色，常采用磁选技术进行回收处理[6]。中（低、微）碳铬铁渣的物相以硅酸二钙为主，且含有大量玻璃体，具有较高的水化活性，常被用于制备辅助性胶凝材料[7-8]。

铬铁矿是生产不锈钢的重要原料，在不锈钢的实际生产过程中会产生粉尘、不锈钢渣和不锈钢酸洗污泥等含铬固体废物，还含有 Fe、Ni、Mn 等宝贵的有价金属[1]。不锈钢渣是不锈钢冶炼过程中产生的一种副产物，2018 年我国不锈钢粗钢产量约 2671 万吨，不锈钢渣产量超 600 万吨[9]。不锈钢渣主要分为 EAF 钢渣和 AOD 钢渣，分别来自不锈钢冶炼过程中的 EAF 炉和 AOD 炉。大多数不锈钢渣为碱性渣，碱度为 1.3~4.0，渣中含有活性较大的游离氧化钙（f-CaO）及游离氧化镁（f-MgO），与水反应后会引起体积膨胀变化[10]。EAF 渣呈黑色，主要矿相为硅酸二钙（Ca_2SiO_4）和蔷薇辉石（$Ca_3Mg(SiO_4)_2$）；AOD 渣的金属含量低而呈白色，主要矿相为硅酸二钙（Ca_2SiO_4），同时还含有少量的方解石（$CaCO_3$）、氢氧钙石（$Ca(OH)_2$）和二氧化硅（SiO_2）。不锈钢渣的不当处置不仅会造成资源的严重浪费，而且还会威胁生态环境安全[11]。绿色、高值化利用不锈钢渣已成为相关领域关注的热点问题。

1.1.2 镍冶金渣的来源

镍是一种银白色的坚硬金属，在自然界中主要以硅酸镍矿或硫、砷、镍化合物的形式存在。约 60%的镍资源属于红土型镍矿，主要分布于古巴、印度尼西亚、菲律宾和巴西等国；硫化型镍矿约占镍资源的 40%，主要分布于加拿大、俄罗斯、澳大利亚、中国和南非等国。我国的红土镍矿资源较为缺乏，硫化物型镍矿资源主要分布于西北（76.7%）、西南（12.1%）和东北（4.9%）等地[12]。

镍冶炼渣是镍冶炼过程中产生的一种副产物，主要化学组成包括 FeO、SiO_2、Al_2O_3 和 MgO 等。镍冶炼方法主要分为火法和湿法两大类，我国多采用火法冶炼的方式处理硫化镍矿，常用冶炼设备包括鼓风炉、电炉以及闪速炉等，其中闪速炉熔炼工艺较先进。采用闪速炉熔炼法工艺流程，如图 1-1 所示，每生产1 t 镍排出 6~16 t 镍渣[13]。

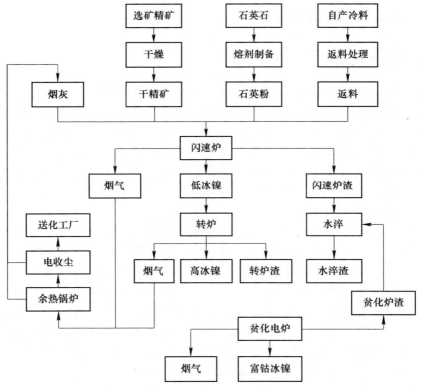

图 1-1　闪速炉熔炼系统工艺流程图[14]

1.2　铬镍冶金渣的特点

1.2.1　铬冶金渣的特点

1.2.1.1　铬铁渣的特点

铬铁合金是铁合金三大品种之一，是生产不锈钢的主要原材之一。铬铁合金的生产通常用硅石作为熔剂，用焦炭作为还原剂，还原铬矿中的氧化铬和氧化铁[15]，工艺流程如图 1-2 所示。铬铁渣是冶炼铬铁合金时产生的废渣，其因铬铁合金的大量生产而产出量巨大，已成为亟待处理的固体废物之一。在铬铁冶炼生产中，为提高铬铁合金产率，必须在还原气氛下将埋弧电炉系统温度升高到 1700 ℃以上，确保反应物完全熔融并保持足够的反应时间。此阶段发生的主要化学反应过程见式（1-1）[16]。

$$Cr_2O_3 + C \xrightarrow{1112\ ℃} Cr_3C_2 \xrightarrow{1342\ ℃} Cr_7C_3 \xrightarrow{1589\ ℃} Cr_{23}C_6 \xrightarrow{1700\ ℃} Cr \quad (1\text{-}1)$$

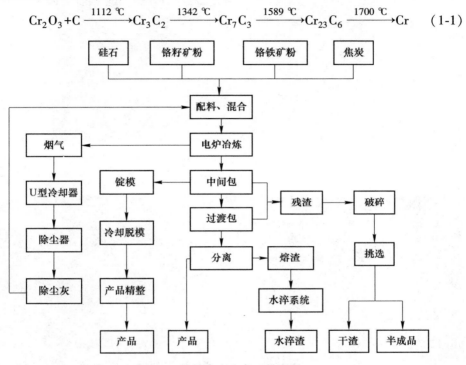

图 1-2　铬铁合金生产工艺流程

研究表明[16]，在上述过程中，铬铁矿中 Fe 优先于 Cr 还原。当 Fe、Cr 等组分还原完成后，铬铁矿中不能被还原的组分 MgO、Al_2O_3、SiO_2 将发生富集，生成镁橄榄石（Mg_2SiO_4）、镁铝尖晶石（$MgAl_2O_4$）等。这一阶段发生的主要化学反应见式（1-2）~式（1-5）。

$$MgO + Cr_2O_3 + 3C \longrightarrow 2Cr + MgO + 3CO \quad (1\text{-}2)$$

$$2MgO + SiO_2 \longrightarrow 2MgO \cdot SiO_2 \quad (1\text{-}3)$$

$$MgO + SiO_2 \longrightarrow MgO \cdot SiO_2 \quad (1\text{-}4)$$

$$MgO + Al_2O_3 \longrightarrow MgO \cdot Al_2O_3 \quad (1\text{-}5)$$

国内某堆场的铬铁渣实物及铬铁渣微观形貌分别如图 1-3 和图 1-4 所示。铬铁渣外观一般呈黑灰色，质地坚硬、粒度不均匀，且表面存在大量孔洞[5]。

图 1-3 国内某铬铁渣堆场与铬铁渣（右上角）实物图[5]

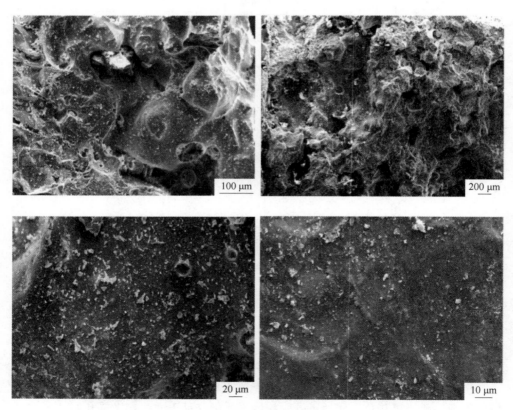

图 1-4 铬铁渣微观形貌[5]

根据张礼华等人的报道[5]，铬铁渣的理化性质如下：

(1) 铬铁渣体积密度为 2.5~2.8 g/cm³，抗压强度为 80~110 MPa（高径比 2:1），孔隙率为 15%~20%；

(2) 根据《水泥化学分析方法》（GB/T 176—2008）中规定的烧失量测试要求，铬铁渣的烧失量为 0.13%~0.38%；

(3) 根据《建筑材料放射性核素限量》（GB 6566—2010）要求，铬铁渣的内照射指数为 0.1、外照射指数为 0.2，指标远低于国标要求的 A 类（内照射指数小于 1.0、外照射指数小于 1.0）技术要求，放射性核素限量处于绝对安全范围之内；

(4) 铬铁渣中的物相包括镁橄榄石、镁铝尖晶石、未反应的铬铁矿和少量的顽辉石等。

1.2.1.2　含铬不锈钢渣的特点

不锈钢渣大多为碱性渣，其碱度可以达到 2.0 以上，渣中 CaO 与 MgO 含量较大，二者与水反应时具有大的膨胀系数。不锈钢渣的主要金属元素为 Ca、Si、Mg，占钢渣总质量的 50% 左右，另外还有 Al、Fe、Mn 和 Cr 元素。太钢的几种不锈钢渣化学成分和矿物组成见表 1-1[17-18]。

表 1-1　不锈钢渣的化学组成（质量分数）　　　　　　　（%）

种类	CaO	MgO	SiO₂	Al₂O₃	Fe₂O₃	P	S	MnO	NiO	Cr₂O₃
电炉渣	47.78	7.67	28.68	4.83	3.57	0.02	0.82	0.21	1.35	4.73
AOD 渣	64.02	4.68	26.51	1.54	0.28	0.01	0.09	0.47	0.75	0.43
转炉渣	56.56	8.03	27.36	2.59	1.30	0.02	0.08	0.59	2.73	0.53
LF 渣	66.89	4.20	20.36	2.09	0.35	0.07	1.72	0.81	0.01	0.26

AOD 渣中 Ca、Mg、Al、Si 的氧化物占绝大部分，其物相主要为硅酸二钙、镁硅钙石、硅钙石和辉石，还存在少量的尖晶石、磁铁矿、富氏体、玻璃相、RO 相和铁酸钙。AOD 渣中硅酸二钙和硅钙石的典型显微形貌为黑色圆粒状和六方板状；镁硅钙石的典型显微形貌为无定形灰色相，连续填充于黑色相之间；辉石、尖晶石和 RO 相等微量矿物被包裹于硅酸二钙中。AOD 渣中主要物相硅酸二钙呈细小粒状集合体和柱状，体积分数达 80% 以上，镁硅钙石、辉石和硅钙石主要呈粒状，体积百分含量分别在 5% 左右[19]。

1.2.2　镍冶金渣的特点

目前，我国镍铁冶炼主要采用电炉熔炼和高炉冶炼两种工艺，冶炼过程会分别产生高炉镍铁渣和电炉镍铁渣[20]。高炉镍铁渣中的矿相以玻璃态为主，还含有部分晶相，如铁镁橄榄石、辉石（含镁）等；电炉镍铁渣矿相组成为 2MgO·SiO₂、

$FeO \cdot SiO_2$ 和 $MgO \cdot SiO_2$。典型镍冶金渣的化学组成见表1-2。

表 1-2 镍冶金渣的化学组成（质量分数） （%）

序号	成 分										参考文献
	CaO	SiO_2	Al_2O_3	MgO	Cr_2O_3	NiO	Fe_2O_3	MnO	SO_3	K_2O	
1	25.95	29.95	26.31	8.93	—	—	1.55	2.25	0.90	—	[21]
2	0.42	53.29	2.67	31.6	1.08	0.1					[22]
3	21.61	30.54	26.74	12.47	1.78	0.01	1.54	1.83	1.58	0.69	[23]
4	19.22	30.72	26.26	10.41	—		5.93	1.87	0.16	—	[24]
5	12.11	53.08	4.20	25.53		0.07	3.78			0.15	[25]
6	1.46	46.31	5.30	28.83	1.96	0.09	14.48	1.05	—	0.12	[26]
7	20.22	35.82	28.46	9.46	—		1.93	0.57	0.16	—	[27]
8	6.75	46.10	4.46	27.12			12.25	0.79	0.14	—	[21]
9	1.94	52.65	3.41	27.92	1.46	0.05	11.36	0.68	0.10	0.05	[23]

因冶炼方法、矿石来源和品质等不同，镍冶炼渣的成分也随之变化，SiO_2、Fe_2O_3、MgO、CaO 及 Al_2O_3 的含量分别为 30%～50%、40%左右、1%～15%、1.5%～5%及2.5%～6%[12]。镍渣中的矿物组成主要是各式辉石、镁铁橄榄石、钙镁黄长石等，水淬后的镍渣中还含有大量的玻璃相，具体的矿物相如下：

（1）镁橄榄石。镁橄榄石主要成分为 MgO 和 SiO_2，颜色呈白色或无色、淡黄色及淡绿色，以短柱形状产出。

（2）铁橄榄石。铁橄榄石为棕色，在空气中易变为黑色，呈柱状或粒状，晶粒大小不一，结晶良好的呈连续条柱状晶体，晶粒间隙为玻璃相。

（3）磁铁矿。磁铁矿呈铁黑色，或具暗蓝靛色，是渣中最早析出的结晶相[28]。聚集体常以粒径为 20～70 μm 不等的粒状、块状、树枝状及针状呈现；独立体常分布于玻璃相基质中，或与铜锍复合包裹[29]。

（4）非晶质玻璃体。其为磁铁矿、铁橄榄石等结晶后留下的残液，呈浅灰色不规则形状填充于橄榄石间。

（5）硫化物。镍锍是以镍、铜、铁、硫和氧为主的熔体，一般还含有微量 Ni、Pb、Zn、Sn、As 等金属[30]。镍渣中主要存在两种形式的镍锍：一种是广泛分布在橄榄石和玻璃态硅酸盐间的浅白色小颗粒，为渣溶液与镍锍分离后从渣中析出的镍铁铜硫化物；另一种是散落在镍渣中的浅白色大颗粒，为冶炼时机械夹杂的镍锍[28]。

1.3　铬镍冶金渣环境污染风险

铬在渣中的化合物主要是 $Cr_2O_3 \cdot MgO$、$CaCr_2O_4$、$CaCrO_4$ 等，以含铬的合金颗粒和含 Cr_2O_3 的矿物形式存在。$CaCrO_4$ 微溶于水、易溶于酸性溶液；$CaCr_2O_4$ 不易溶于水，但溶于酸性溶液，在室温和空气存在的情况下可以被氧化成铬酸钙；$Cr_2O_3 \cdot MgO$ 比较稳定，具有很强的抗氧化性。铬镁尖晶石氧化成铬酸镁需要很大的氧势，在空气气氛下很难将其氧化。不锈钢渣的矿物组成见表 1-3。

表 1-3　不锈钢渣的矿物组成

渣　系	主要矿物	其他矿物
电炉渣	硅酸二钙、镁硅钙石	尖晶石固溶体，RO 相，金属铁、铬、镍
AOD 渣	硅酸二钙、镁硅钙石	尖晶石、玻璃质、方解石、硅酸三钙、氟化钙等
转炉渣	硅酸二钙、镁硅钙石	方解石、金属铁镍、磁铁矿渣
LF 渣	硅酸二钙、镁硅钙石	磁铁矿、氟化钙、碳粒等

不锈钢渣中，铬离子主要以三价和六价的形式存在。其中六价铬易溶于水，易迁移，对环境和人体健康有巨大威胁[31]。在自然条件下，六价铬大多以铬阴离子形式存在。如图 1-5 所示，当 pH>6.4 时，铬离子主要以铬酸根形式存在；当 pH<6.4 时，铬离子主要以重铬酸根形式存在。三价铬在酸性条件下主要以阳离子形式存在，而在碱性条件下则形成 $Cr(OH)_3$ 沉淀[32]。

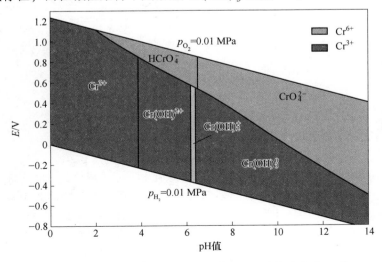

图 1-5　$Cr-O_2-H_2O$ 体系电位-pH 图（假定固液边界总铬浓度为 10^{-6} mol/kg）

由铬循环图（见图 1-6）可以看出，六价铬可以被土壤中的有机物、Fe^{2+} 等还原为三价，并在碱性条件下生成 $Cr(OH)_3$ 沉淀。在中性 pH 值条件下，土壤中的 MnO_2 可以将 Cr^{3+} 氧化成六价[32]，反应见式（1-6）。

$$Cr^{3+}+1.5MnO_2+H_2O =\!=\!= HCrO_4^-+1.5Mn^{2+}+H^+ \tag{1-6}$$

不锈钢渣中存在的六价铬具有明显的致癌作用，研究表明，铬离子对人体的皮肤、呼吸道、眼睛及胃肠道都具有危害作用，严重时甚至可以致人死亡。此外，自然堆放的含铬不锈钢渣经过降雨和地表水的冲刷，六价铬进入土壤和地下水对周边环境及农作物造成严重污染。因此，不锈渣必须得到有效的解毒处理，并综合考虑成本与高值化效果。

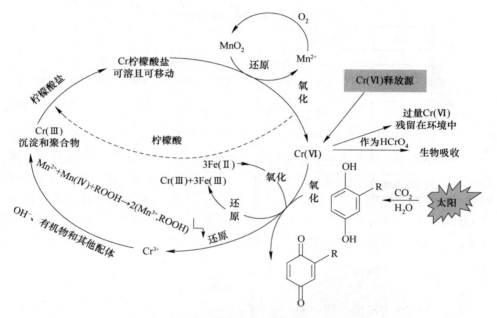

图 1-6 自然界中的铬循环

1.4 铬镍冶金渣的处理技术

如何实现铬镍冶金渣的绿色处置和资源化利用，已吸引了大量研究者的关注。目前，已开发的铬镍冶金渣的处理技术包括还原法、湿法回收金属法、水泥固化法、陶瓷固化法、微生物法、玻璃固化法等。

1.4.1 湿法处理技术

镍渣中通常含有 Cu、Ni、Co 等有价金属元素，通过酸浸工艺可有效提取这些元素，工艺流程如图 1-7 所示[33]。将镍渣在混合酸（硫酸、硝酸和水）中浸出，通过调整酸浓度、蒸汽加热、过滤、结晶等操作获得硫酸镍、硫酸钴、硫酸铜等盐类的混合物；然后，在反应釜中经过搅拌、蒸汽加热、调整 pH 值等工序获得硫酸镍、硫酸钴、硫酸铜粗品；最后，经过多次提纯和分离制得成品硫酸镍、硫酸铜和硫酸钴[34]。该方法具有工艺简单、设备便宜等优点，但存在浸出过程会产生废酸、废水等问题。

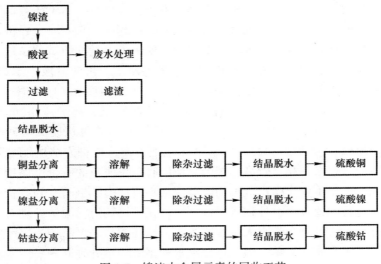

图 1-7 镍渣中金属元素的回收工艺

Shen 等人[35]采用两段逆流酸浸工艺处理镍-铜锍，选择性回收镍和钴，重点研究了温度、硫系数及氧气压力对金属浸出率的影响。两段工艺的优化浸出参数为：

（1）环境压力浸出：硫含量 1.15%、温度（85±5）℃、时间 2.5 h、固液比 5∶1；

（2）升压浸出：液固比 5∶1、温度（150±5）℃、压力 1.45 MPa、空气流量（标态）（1500±50）m^3/h、时间 6 h。

优化工艺下，镍和钴的回收率均高于 96.02%。

Baghalha 等人[36]尝试采用酸浸法提取镍渣中的有价金属，研究了影响金属回收率的各种因素。结果表明，热渣冷却制度对镍、钴、铜等的提取效率具有重要影响；与快冷或水淬的镍渣相比，慢冷镍渣中的金属元素更容易被酸浸提取。

不锈钢渣中的铬可分为水溶态、酸溶态、结晶态三种形式。其中水溶态和酸溶态的铬易于浸出，是不锈钢渣造成铬污染的主要原因[37-38]。结晶态铬在长期自然条件下有可能释放出来，但速度极缓慢；而以矿物形态存在的残余态铬，较为稳定，在普通自然条件下基本不会溶出[39]。湿法解毒是将不锈钢钢渣粉碎成微小颗粒，经过逐级分离颗粒细小的金属料后用水浸取、分离、过滤，得到含 Cr^{6+} 的溶液。向溶液中加一定的工业废酸调整溶液 pH = 7~8，使之在中性条件下将 Si、Fe 等沉淀出来，再加工业废酸调节 pH = 2.5~3，使 Cr^{6+} 变为 Cr^{3+}，然后再加碱使之生成 $Cr(OH)_3$，最后再加碱中和至 pH = 6.5~7，并加热至沸腾使之生成沉淀，$Cr(OH)_3$ 沉淀经焙烧得 Cr_2O_3。尾渣则经过多级筛选、破碎、重选、磁选等工序最终得到不同规格粒级的金属料，可以回收再生利用[40]。

以太钢采用的铬合沉淀法为例：太钢用 H_2SO_4、H_2O_2、NaOH 等试剂逐级提取不锈钢渣中的金属元素，实现有价元素的回收再利用，具有一定经济价值。在废物处理过程中通常需要考虑成本，上述方法使用了大量的纯试剂，这从循环经济的角度来说是不可取的。先将不锈钢渣中的铬浸出，再向溶液中添加高炉渣，利用高炉渣中浸出的 Fe^{2+} 还原溶液中的六价铬。实践表明，pH = 2 时，每 1 g 高炉渣可以还原 51.6 mg 的 Cr^{6+}，并且随着 pH 值的降低，高炉渣添加量的增大，六价铬的还原率会有进一步的提高。湿法处理不锈钢渣可从废渣中回收有价金属，达到资源回收再利用的目的[41]。从工艺上考虑，这种方法所能处理的废料中有价金属的含量必须相对较高，否则会使回收单位质量的有价金属所用的酸或碱的量大大增加，不利于生产成本的降低。从反应动力学上看，当有价金属含量低时，反应进行的速度慢，处理效率低，所以在不锈钢渣的湿法处理有一定的局限性。另外，湿法处理会带来大量含铬废水，给环境带来严重的二次污染。

尽管酸浸工艺操作简单，但其存在废水和尾渣的再处理问题。废水和尾渣均呈酸性，且其中含有大量的重金属离子，一般可加以再循环利用或和石灰、粉煤灰混合堆放以作混合材使用。总体上看，酸浸工艺发展尚不成熟[42]。

1.4.2 固化处理技术

目前固化处理常用的固化物质有水泥、石灰、玻璃、热塑性材料等，并以水泥固化为主[43-46]。水泥固化通过向不锈钢渣粉中加入一定量的无机酸或硫酸亚铁做还原剂，将其中的 Cr^{6+} 还原成 Cr^{3+}，配以适量的水泥熟料，然后加水搅拌、凝固。随着水泥的水化和凝固，铬与其他物质形成稳定的晶体结构或化学键被封闭在水泥基体中，从而达到解毒的目的[47-49]。固化处理初期，可以采用薄膜覆盖养护，这不仅可以降低二次污染，还可以防止固化体表面水分的蒸发。固化法在处理固体废弃物，尤其是危险固废处理方面得到极大推广[50]。利用水泥窑综合处理电镀渣、铬渣、不锈钢渣等危险固废，在发展中国家应用广泛[51]。

然而，在固化处理过程中，大量重金属离子在水泥制品中聚集，使得重金属离子浓度再度升高。水泥制品中重金属离子的固化效果可以用浸出率来表征[52-53]。中国环境科学研究院对几种水泥和混凝土进行了浸出毒性评估，结果（见图 1-8）表明，重金属离子在水泥制品中并没有得到有效固化，当水泥制品处于极端条件或者长期暴露在自然条件下时，重金属离子的浸出率都较大[54-55]。由此可见，水泥固化对重金属离子的固化效果不够理想，重金属离子的浸出率高，环境风险大，并且制得的水泥容易进入环境，其污染面更大，重金属污染风险更高，因此水泥固化方法值得进一步研究，以提高固化效果。

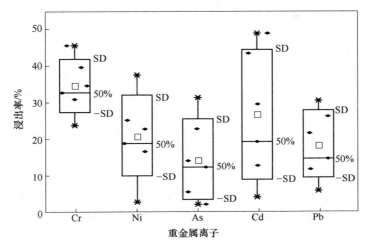

图 1-8　水泥及混凝土中重金属离子的浸出率
（极端条件下重金属离子浸出量与总量的比值）

1.4.3　生产建筑材料

铬镍冶金渣在建筑材料生产上的利用，主要包括生产水泥、混凝土、地质聚合物等。

1.4.3.1　生产水泥

部分镍铬冶金渣（如高炉镍铁渣、中低碳铬铁渣等）中含有大量 CaO 和 Al_2O_3，且玻璃相含量较高。在激发剂作用下，这些镍铬冶金渣可以发生水化反应，因此可用于水泥的生产。

Wu 等人[56]以电炉镍铁渣、石灰石、黏土和石膏等为原料制备水泥熟料，结果表明：在原料中添加适量镍铁渣，可有效降低水泥熟料中 f-CaO 含量，并改善水泥生料的烧结性。当镍铁渣添加量为 14%、焙烧温度为 1350 ℃时，生产的水泥浆料经 28 天养护后，抗压强度、弯曲强度和磨损量分别为 52.4 MPa、14.5 MPa 和 2.1 kg/m²。研究还发现，Mg 在水泥熟料中主要以钙蔷薇辉石（$CaMgSi_2O_6$）和堇青石（$Mg_2Al_4Si_5O_{18}$）形式存在。

郝旭涛等人[57]使用中低碳铬铁渣、粉煤灰、脱硫石膏和石灰等为原料，制备了铬铁渣胶凝材料。研究表明，铬铁渣胶凝材料主要的水化产物为水化硅酸钙和氢氧化钙。优化工艺下，原料中铬铁渣的比例可达 40%；样品的 7 天和 28 天抗压强度可分别达到 32.57 MPa 和 56 MPa；胶凝材料样品中 Cr 的浸出浓度远低于国标的限值。此外，他们[58]还研究了不同种类无机早强剂（NaCl、Na_2SO_4、NaF 和 $Al_2(SO_4)_3$）和减水剂对铬铁渣基复合材料性能的影响。结果表明，复合型外加剂可加速铬铁渣复合材料的水化过程，同时可降低孔隙率、提高密实度。优化条件下，样品的 3 天和 28 天抗压强度可达 37.44 MPa 和 66.29 MPa。

Zhou 等人[59]使用低碳铬铁渣、高炉渣和粉煤灰制备了水泥基材料，研究了化学激发剂（NaCl、Na_2SO_4、NaF 和 $Al_2(SO_4)_3$）对水泥基材料水化作用的影响。研究结果表明，复合激发剂可促进钙矾石和 C-S-H 凝胶的形成，进而提高水泥基材料的密实度；Na_2SO_4 可促进粉煤灰的火山灰反应，促进水泥浆体水化反应，进而改善水泥材料的后期强度。当使用复合激发剂（NaCl 0.6%、Na_2SO_4 1.2%、NaF 0.6% 和 $Al_2(SO_4)_3$ 0.7%或 0.9%）时，水泥基材料的 3 天和 28 天抗压强度可分别提高 50.1% 和 22.4%。刘梁友等人[60]研究了激发剂（CaO、水玻璃、Na_2SO_4）对镍铁渣/水泥复合凝胶材料的化学活化效果的影响。结果表明，CaO、水玻璃、Na_2SO_4 的最佳使用量分别为 3.0%、1.5% 和 1.0%；三种激发剂中，Na_2SO_4 激发效果最差，水玻璃的激发效果最好。

1.4.3.2 生产混凝土

铬铁渣中含有镁铝尖晶石、镁橄榄石、玻璃相、钙镁橄榄石和铬尖晶石等物相，具有耐高温、耐磨、硬度高、相对密度大等优点。铬铁冶金渣用于混凝土生产不会产生二次废渣，且用量大，近年来已吸引了相关人员的广泛关注。铬铁冶金渣在混凝土生产上的应用主要包括两个方面：混凝土掺合料和混凝土骨料。活性较高的铬铁冶金渣适合于生产混凝土掺合料，其可改善混凝土制品的微观结构和性能；活性和玻璃体含量较低的铬铁冶金渣，由于密实且硬度高，可破碎后代替天然砂石作为混凝土骨料[15]。

Acharya 和 Patro[61]报道了以铬铁渣和石灰为原料生产混凝土的研究。研究结果表明：铬铁渣和石灰可以增强骨料和水泥浆间的粘合力，进而改善水泥混凝土的力学性能（包括抗压强度、抗弯强度和黏结强度）、抗酸性和硫酸盐腐蚀的能力。含 40% 铬铁渣和 7% 石灰的水泥混凝土（替代了 47% 的水泥），可以取得与普通水泥混凝土相同甚至更高的性能。

对于铬铁渣代替天然砂作混凝土用细骨料方面也有相应研究，邓初首等人[62]分别用 20%、40%、60%、80% 和 100% 比率的铁矿尾矿砂取代天然砂配制了 C30、C40 大流动性混凝土，结果表明在 20%~100% 取代率时混凝土拌合物和易性均能满足要求；C30 混凝土 28 天强度为 37.6~39.7 MPa；C40 混凝土 28 天强度为 47.7~49.2 MPa；80 min 坍落度经时损失试验结果表明：取代率 60% 时混凝土坍落度由 200 mm 降至 170 mm；100% 取代率时混凝土坍落度值由 185 mm 降至 95 mm。由此可以证明尾矿砂可以作为细集料以适当的比率取代天然砂配制混凝土。Qi 等人[63]使用镍铁渣和高炉渣为复合掺合料，制备了 C30 和 C35 级混凝土，研究了掺合料对混凝土力学性能（包括轴向抗压强度、弹性模量、泊松比等）的影响。结果表明，该掺合料混凝土具有与传统混凝土相同的力学性能；应力-应变曲线特征主要与该混凝土强度有关，而与复合掺合料的含量无关。

Jena 和 Panigrahi[64]利用高碳铬铁渣作为粗骨料，将骨料与粉煤灰基地质聚合物混合后制成混凝土。随铬铁渣掺量和溶剂与黏结剂比值的增加，混凝土样品的坍落度值增大。当铬铁渣掺量为 30%、溶剂与黏结剂比值为 0.6 时，混凝土样品 28 天的抗压强度可达 49 MPa。此外，适当提高铬铁渣掺量可提高混凝土样品的抗劈裂强度和弯曲强度；当铬铁渣掺量超过 30%后，混凝土样品的抗劈裂强度和弯曲强度随掺量的增加而降低。Saha 和 Sarker[22]报道了一种以低钙镍铁渣和天然河砂为骨料，制备粉煤灰/水泥基混凝土产品的技术。根据他们的研究，当镍铁渣掺入量达到 50%时，混凝土样品具有最优的粒级配比，混凝土样品的抗压强度为 66 MPa（无粉煤灰掺量）和 51 MPa（30%粉煤灰掺量）。此外，研究还发现，粉煤灰的加入可有效降低混凝土的膨胀率。

对于铬铁渣用作混凝土骨料，汪发红等人[6]研究了硅铬渣、水淬铬铁渣和高碳铬渣三种渣质的性质和它们替代砂作为建筑材料的力学强度、收缩值和铬表面浸出等差异。研究结果表明，从砂浆表面浸出试验可以初步判断，铬铁渣替代天然砂作为建筑用砂是安全的，铬渣经破碎后可代替碎石，作为混凝土中的粗骨料使用，硅铬渣、水淬铬渣可作为混凝土中的细骨料使用。

参 考 文 献

[1] 李汛，韩浦缪．从碳素铬铁渣中跳汰法回收铬铁 [J]．江苏冶金，1994，2：45-46．
[2] 郭玉峰，李志伟，杨景军，等．铬铁矿电炉冶炼高碳铬铁现状与发展趋势 [J]．铁合金，2023，4：43-50．
[3] 王志强，姚世民，高文元，等．碳铬渣微晶玻璃的研制 [J]．大连轻工业学院学报，2000，19（2）：84-88．
[4] 冯强，崔雯雯，张盈，等．硫酸铵焙烧与浸出提取碳素铬铁渣中有价金属 [J]．过程工程学报，2014，14（4）：573-579．
[5] 张礼华．基于界面优化的铬铁冶金渣轻集料制备及混凝土性能研究 [D]．南京：东南大学，2018．
[6] 汪发红，刘连新．铬铁渣替代建筑用砂的试验研究 [J]．混凝土与水泥制品，2017，7：86-88．
[7] 汪发红，水中和．微铬铁渣用于水泥掺和料的性能研究 [J]．中国水泥，2017，12：82-85．
[8] 周新涛，郝旭涛，彭金辉，等．复合外加剂对铬铁渣基复合材料水化机理的影响 [J]．材料导报，2017，31（4）：121-125．
[9] 兰树伟，张志伟，洪奥越，等．不锈钢资源综合利用研究现状 [J]．冶金工程，2019，6

（1）：34-39.

[10] 张文超. 不锈钢渣改性处理、磁性分离与富铬相合成的研究 [D]. 马鞍山：安徽工业大学，2013.

[11] 吴春丽，陈哲，谢洪波，等. 不锈钢渣的资源处置研究进展 [J]. 材料导报，2021，35（S1）：462-466.

[12] 吴阳. 镍冶金废渣制备道路硅酸盐水泥的研究 [D]. 镇江：江苏大学，2018.

[13] 盛广宏，翟建平. 镍工业冶金渣的资源化 [J]. 金属矿山，2005，10：68-71.

[14] 刘伟波. 金川炼镍渣提铁的试验研究 [D]. 西安：西安建筑科技大学，2001.

[15] 苗希望，白智韬，卢光华，等. 典型铁合金渣的资源化综合利用研究现状与发展趋势 [J]. 工程科学学报，2020，42（6）：663-679.

[16] Teng L, Meador M, Ljungqvist P. Application of new generation electromagnetic stirring in electric arc furnace [J]. Steel Research International，2017，88（4）：1600202.

[17] 李安东，郑皓宇. 不锈钢渣的污染特性和综合利用研究进展 [C]. 第十六届全国炼钢学术会议论文集，2010：659-664.

[18] 甄常亮，那贤昭，齐渊洪，等. 不锈钢渣毒性浸出特征及无害化处置现状 [J]. 钢铁研究学报，2012，24（10）：1-5.

[19] 王亚军，李俊国，郑娜. AOD不锈钢渣矿相组成及其显微形貌 [J]. 钢铁钒钛，2013，34（4）：68-72.

[20] 陈曦，代文彬，陈学刚，等. 有色冶金渣的资源化利用研究现状 [J]. 有色冶金节能，2022，38（5）：9-15.

[21] 王强，石梦晓，周予启，等. 镍铁渣粉对混凝土抗硫酸盐侵蚀性能的影响 [J]. 清华大学学报（自然科学版），2017，57（3）：306-311.

[22] Saha A K, Sarker P K. Sustainable use of ferronickel slag fine aggregate and fly ash in structural concrete：Mechanical properties and leaching study [J]. Journal of Cleaner Production，2017，162：438-448.

[23] 齐太山，王永海，周永祥，等. 高炉镍铁渣粉辅助胶凝材料性能研究 [J]. 混凝土，2017，4：108-111.

[24] 陈华. 高炉镍铁渣粉制备抗折混凝土的研究 [J]. 福建建材，2018（10）：26-27，52.

[25] 龚建贵，宓振军，张颖，等. RKEF工艺镍渣用作水泥混合材初探 [J]. 水泥，2016（10）：18-20.

[26] 段光福，刘万超，陈湘清，等. 江西某红土镍冶炼炉渣作水泥混合材 [J]. 金属矿山，2012（11）：159-162.

[27] 林云腾. 高炉镍铁渣粉对路面混凝土性能的影响 [J]. 福建建设科技，2017（5）：70-72.

[28] 刘晓民，高双龙，李杰，等. 金川镍沉降渣的工艺矿物学 [J]. 工程科学学报，2017，39（3）：349-353.

[29] 孟昕阳. 富铁冶金渣热态改质提高磁选率及制备高值材料的研究 [D]. 北京：北京科技大学，2020.

[30] 李艳军，于海臣，王德全，等. 红土镍矿资源现状及加工工艺综述 [J]. 金属矿山，2010（11）：5-9，15.

［31］ Sinyoung S, Songsiriritthigul P, Asavapisit S, et al. Chromium behavior during cement-production processes: A clinkerization, hydration, and leaching study ［J］. Journal of Hazardous Materials, 2011, 191 (1/2/3): 296-305.

［32］ Dhal B, Thatoi H N, Das N N, et al. Chemical and microbial remediation of hexavalent chromium from contaminated soil and mining/metallurgical solid waste: A review ［J］. Journal of Hazardous Materials, 2013, 250-251: 272-291.

［33］ 李小明, 沈苗, 王翀, 等. 镍渣资源化利用现状及发展趋势分析 ［J］. 材料导报, 2017, 31 (5): 100-105.

［34］ 刘春侠, 王吉坤, 谢刚, 等. 用过硫酸钠氧化富集钴镍渣中的钴 ［J］. 湿法冶金, 2007, 26 (3): 154-156, 162.

［35］ Shen Y, Xue W, Li W, Tang Y. Selective recovery of nickel and cobalt from cobalt-enriched Ni-Cu matte by two-stage counter-current leaching ［J］. Separation and Purification Technology, 2008, 60 (2): 113-119.

［36］ Baghalha M, Papangelakis V G, Curlook W. Factors affecting the leachability of Ni/Co/Cu slags at high temperature ［J］. Hydrometallurgy, 2007, 85 (1): 42-52.

［37］ Baciocchi R, Costa G, Polettini A, et al. Influence of particle size on the carbonation of stainless steel slag for CO_2 storage ［J］. Energy Procedia, 2009, 1 (1): 4859-4866.

［38］ 张运徽. 钢渣处理含铬废水的研究 ［J］. 三明高等专科学校学报, 2001, 18 (4): 6-9.

［39］ Kriskova L, Pontikes Y, Cizer Ö, et al. Effect of mechanical activation on the hydraulic properties of stainless steel slags ［J］. Cement and Concrete Research, 2012, 42 (6): 778-788.

［40］ 王春琼, 李剑, 杨洪, 等. 工业废酸处理不锈钢冶炼钢渣的可行性分析 ［J］. 现代冶金, 2010, 38 (1): 1-3.

［41］ 汪正洁, 杨健, 潘德安, 等. 不锈钢渣资源化利用技术研究现状 ［J］. 钢铁研究学报, 2015, 27 (2): 1-6.

［42］ 邵立志. 不锈钢渣处理现状及未来展望 ［J］. 铸造技术, 2021, 42 (3): 234-238.

［43］ Chen Q Y, Tyrer M, Hills C D, et al. Immobilisation of heavy metal in cement-based solidification/stabilisation: A review ［J］. Waste Management, 2009, 29 (1): 390-403.

［44］ Jianli M, Youcai Z, Jinmei W, et al. Effect of magnesium oxychloride cement on stabilization/solidification of sewage sludge ［J］. Construction and Building Materials, 2010, 24 (1): 79-83.

［45］ Lasheras-Zubiate M, Navarro-Blasco I, álvarez J I, et al. Interaction of carboxymethylchitosan and heavy metals in cement media ［J］. Journal of Hazardous Materials, 2011, 194: 223-231.

［46］ Iacobescu R I, Pontikes Y, Koumpouri D, et al. Synthesis, characterization and properties of calcium ferroaluminate belite cements produced with electric arc furnace steel slag as raw material ［J］. Cement and Concrete Composites, 2013, 44: 1-8.

［47］ Pandey B, Kinrade S D, Catalan L J J. Effects of carbonation on the leachability and compressive strength of cement-solidified and geopolymer-solidified synthetic metal wastes ［J］. Journal of Environmental Management, 2012, 101: 59-67.

［48］ Tantawy M A, El-Roudi A M, Salem A A. Immobilization of Cr（Ⅵ）in bagasse ash blended cement pastes ［J］. Construction and Building Materials, 2012, 30: 218-223.

［49］ Li X, He C, Bai Y, et al. Stabilization/solidification on chromium（Ⅲ）wastes by C_3A and C_3A hydrated matrix ［J］. Journal of Hazardous Materials, 2014, 268: 61-67.

［50］ Kunal, Siddique R, Rajor A. Use of cement kiln dust in cement concrete and its leachate characteristics ［J］. Resources, Conservation and Recycling, 2012, 61: 59-68.

［51］ Amorim R P, Miranda M S, Oliveira M B R, et al. Synthesis, hydration and durability of rice hull cements doped with chromium ［J］. Journal of Hazardous Materials, 2011, 186（1）: 497-501.

［52］ Donatello S, Fernández-Jiménez A, Palomo A. An assessment of mercury immobilisation in alkali activated fly ash（AAFA）cements ［J］. Journal of Hazardous Materials, 2012, 213-214: 207-215.

［53］ Takahashi Y, Ishida T. Modeling of coupled mass transport and chemical equilibrium in cement-solidified soil contaminated with heavy-metal ions ［J］. Construction and Building Materials, 2014, 67: 100-107.

［54］ Voglar G E, Leštan D. Equilibrium leaching of toxic elements from cement stabilized soil ［J］. Journal of Hazardous Materials, 2013, 246-247: 18-25.

［55］ Buj I, Torras J, Rovira M, et al. Leaching behaviour of magnesium phosphate cements containing high quantities of heavy metals ［J］. Journal of Hazardous Materials, 2010, 175（1/2/3）: 789-794.

［56］ Wu Q, Wu Y, Tong W, et al. Utilization of nickel slag as raw material in the production of portland cement for road construction ［J］. Construction and Building Materials, 2018, 193: 426-434.

［57］ 郝旭涛, 周新涛, 蔡发万, 等. 铬铁渣基低温陶瓷胶凝材料的性能研究 ［J］. 硅酸盐通报, 2015, 34（7）: 2013-2018.

［58］ 郝旭涛, 周新涛, 罗中秋, 等. 复合型外加剂对铬铁渣基复合材料性能的影响 ［J］. 功能材料, 2015,（13）: 13029-13034.

［59］ Zhou X, Hao X, Ma Q, et al. Effects of compound chemical activators on the hydration of low-carbon ferrochrome slag-based composite cement ［J］. Journal of Environmental Management, 2017, 191: 58-65.

［60］ 刘梁友, 刘云, 张康, 等. 镍铁渣用作混合材对水泥性能影响的研究 ［J］. 水泥工程, 2016, 35（6）: 1705-1710.

［61］ Acharya P K, Patro S K. Acid resistance, sulphate resistance and strength properties of concrete containing ferrochrome ash（FA）and lime ［J］. Construction and Building Materials, 2016, 120: 241-250.

［62］ 邓初首, 夏勇. 尾矿砂在大流动性混凝土中的应用研究 ［J］. 矿冶工程, 2010, 30（1）: 9-12.

[63] Qi A, Liu X, Wang Z, Chen Z. Mechanical properties of the concrete containing ferronickel slag and blast furnace slag powder ［J］. Construction and Building Materials, 2020, 231: 117120.

[64] Jena S, Panigrahi R. Performance assessment of geopolymer concrete with partial replacement of ferrochrome slag as coarse aggregate ［J］. Construction and Building Materials, 2019, 220: 525-537.

2 铬镍冶金渣的物理化学特征

铬镍冶金渣处理方式可以分为两大类，即无害化和资源化处理。铬镍冶金渣的物理化学特性对其处理方式有着重要影响。铬镍冶金渣成分复杂，其性质和组成因产地、原料和生产条件的不同而有所差异。对于铬渣，铬盐企业排放的铬渣中六价铬的含量大致相同，其平均值为 8000 mg/kg[1-3]。镍渣是金属镍和镍合金冶炼过程中产生的一种固体废渣，即金属镍和镍合金高温熔融物经水淬后形成的一种粒化炉渣，其化学成分因矿石来源和冶炼工艺的不同，有较大差异。铬镍冶金渣的无害化和资源化处理的关键是研究其物理化学特征，解决 Cr、Ni、Cd、Pd 等重金属污染问题。

2.1 铬镍冶金渣采样

铬镍冶金渣中含有水溶性和酸溶性有毒重金属盐类，这些有毒重金属元素可渗透到土壤、地下水，迁移至河流、农田等，对环境和人体造成重大危害。特别是铬渣中的六价铬，进入人体后会富集，达到一定量时会引起皮肤溃疡、接触性皮炎，损坏人体的消化道和皮肤，还可能引起肺癌、过敏等疾病[2]。据统计，我国曾有 70 多家铬盐生产企业，目前 2/3 以上的企业关停、破产，遗留约 4.5×10^6 t 铬渣，多数未得到治理。这些铬渣在降雨淋滤作用下会对土壤和地下水造成严重的重金属污染[4-5]。镍的应用领域涵盖了从民用产品到航天航空、导弹、潜艇、核反应堆等各个行业。自然界中镍以硅酸镍、硫化镍、砷化镍等矿物形式存在。镍渣是在冶炼金属镍过程中熔融物经水淬后形成的粒化炉渣，主要成分为 $FeO-SiO_2$，也包括不经水淬而直接外排的冶炼渣[6]。

检测分析铬镍冶金渣中有毒重金属元素的含量及分布，研究重金属元素的物理化学特性、浸出毒性和迁移规律，需要合理、科学、有效地对铬镍冶金渣采样。《危险废物鉴别标准　浸出毒性鉴别》（GB 5085.3—2007）[7]规定了（危险）固体废物浸出毒性采样方法，采样点和采样方法按照《危险废物鉴别技术规范》（HJ/T 298—2007）[8]进行，具体操作内容如下。

（1）采样对象的确定。对于正在产生的固体废物，应在确定的工艺环节采样。

（2）份样数的确定。需要采集的固体废物的最小份样数按表 2-1 要求选取。

表 2-1 固体废物采集最小份样数

固体废物量 q/t	最小份样数/个	固体废物量 q/t	最小份样数/个
q≤5	5	90<q≤150	32
5<q≤25	8	150<q≤500	50
25<q≤50	13	500<q≤1000	80
50<q≤90	20	q>1000	100

当固体废物为历史堆存状态时，应以堆存的固体废物总量为依据，按表 2-1 确定需要采集的最小份样数。当固体废物为连续产生时，应以确定的工艺环节一个月内的固体废物产生量为依据，按表 2-1 确定需要采集的最小份样数。如果生产周期小于一个月，则以一个生产周期内的固体废物产生量为依据。

每次采集的份样数应满足式（2-1）要求：

$$n = \frac{N}{P} \tag{2-1}$$

式中　n——每次采集的份样数；

　　　N——需要采集的份样数；

　　　P——一个月内固体废物的产生次数。

（3）份样量的确定。固态废物样品采集的份样量应满足分析操作的需要，同时，依据固态废物的原始颗粒最大粒径，不小于表 2-2 中规定的质量。

表 2-2 不同粒径固态废物每份样所需的最小份样量

原始颗粒最大粒径（以 d 表示）/cm	d≤0.50	0.50<d≤1.0	d>1.0
最小份样量/g	500	1000	2000

（4）采样方法。固体废物采样工具、采样程序、采样记录和盛样容器参照 HJ/T 298—2007 的要求。固态、半固态废物样品按照下列方法采集：

1）连续产生类型。在设备稳定运行时的 8 h（或一个生产班次）内等时间间隔用勺式采样器采取样品。每采取一次，作为一个份样。

2）散状堆积类型。对于堆积高度不大于 0.5 m 的散状堆积固态、半固态废物，将废物堆平铺成厚度为 10~15 cm 的矩形，划分为 5N 个（N 为份样数）面积相等的网格，顺序编号；用随机数表法抽取 N 个网格作为采样单元，在网格中心位置处用采样铲或锹垂直采取全层厚度的废物。每个网格采取的废物作为一个份样。

对于堆积高度不大于 0.5 m 的数个散状堆积固体废物，选择堆积时间最近的废物堆，按照散状堆积固体废物的采样方法进行采取。

　　对于堆积高度大于 0.5 m 的散状堆积固态、半固态废物，应分层采取样品；采样层数应不小于 2 层，按照固态、半固态废物堆积高度等间隔布置；每层采取的份样数应相等。分层采样可以用采样钻或者机械钻探的方式进行。

　　我国众多被关停的规模小、生产工艺落后的企业和正在运转的企业所产生的铬镍渣主要为属于上述连续产生和散状堆积型的固体废物，其采样方法应按照《危险废物鉴别技术规范》（HJ/T 298—2007）进行。

2.2　铬镍渣物理化学特性与分析方法

　　铬镍冶金渣无害化处理和资源化利用涉及铬镍冶金渣物理化学特性，主要包括铬镍冶金渣的化学成分、物相组成、形貌、颗粒分布、表面官能团及重金属浸出毒性等。铬镍冶金渣物理化学特性的主要分析方法有 X 射线衍射分析（XRD）、X 射线荧光光谱分析（XRF）、电感耦合等离子体光谱分析（ICP-AES）、扫描电子显微分析（SEM）、傅里叶变换红外光谱分析（FT-IR）和滴定分析法等。

2.2.1　X 射线衍射分析

　　X 射线波长为 0.001~10 nm，具有较强的穿透能力，能使荧光物质发光、照相乳胶感光、气体电离等，可用于未知物质的物相分析。用于晶体衍射的 X 射线波长为 0.05~0.2 nm。X 射线通常通过电子束轰击金属"靶"产生的，包含与靶中各种元素对应的具有特定波长的 X 射线（称为特征 X 射线）。铜靶是常用的靶，波长为 0.15406 nm。

　　X 射线衍射仪以布拉格实验装置为原型，融合了机械与电子技术等多方面的成果。衍射仪由 X 射线发生器、测角仪、辐射探测器和辐射探测电路 4 个基本部分组成，以特征 X 射线照射多晶体样品，并以辐射探测器记录衍射信息的实验装置。现代 X 射线衍射仪还配有控制操作和运行软件的计算机系统[9]。

　　中南大学刘伟等人[10]对某铬渣进行 XRD 物相分析，其结果（见图 2-1）表明该原铬渣中存在水榴石、水铝钙石、水滑石及钙铁石这 4 种含六价铬的物质。对比经过 H_2O 和 Na_2CO_3-CO_2-H_2O 处理的铬渣中物相的变化，以此分析处理方式的技术效果。

　　酒钢集团宏兴股份公司钢铁研究院鲁逢霖[11]对金川集团公司闪速炉冶炼硫化镍精矿产生的镍渣进行了 XRD 物相分析，其结果（见图 2-2）表明镍渣中铁与镍的赋存状态主要为磁铁矿（Fe_3O_4）、硅酸铁（$FeSiO_3$）、硫化镍铁（$FeNiS_2$）和少量金属铁。北京科技大学杨志强等人[12]在利用金川水淬镍渣尾砂开发新型充填胶凝剂的试验研究工作中，利用 XRD 物相分析方法对水淬镍渣尾砂进行分

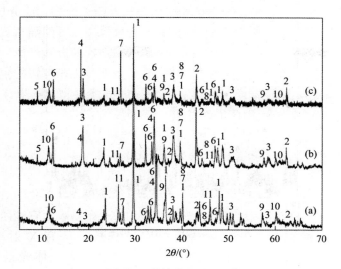

图 2-1 某铬渣 XRD 图谱

（a）原铬渣；（b）H_2O 处理渣；（c）Na_2CO_3-CO_2-H_2O 处理渣

1—$CaCO_3$（方解石）；2—MgO；3—$Mg(OH)_2$；4—$Ca(OH)_2$；5—$Ca_4Al_2(OH)_{14} \cdot 6H_2O$；

6—$Ca_4Al_2Fe_2O_{10}$；7—SiO_2；8—$Ca_3Al_2(OH)_1$；9—$(Mg,Fe)(Cr,Al)_2O_4$；

10—$Mg_6Al_2(CO_3)(OH)_{16} \cdot 4H_2O$；11—$CaCO_3$（文石）

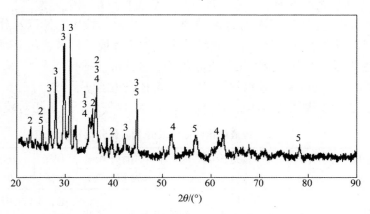

图 2-2 某镍渣 XRD 图谱

1—Fe_3O_4；2—Mg_2SiO_4；3—$FeSiO_3$；4—$FeNiS_2$；5—Fe

析，结果显示水淬镍渣存在钙镁橄榄石相、铝黄长石相、钙（镁）铝榴石相以及普通（透）辉石相等。中南大学 Pan Jian 等人[13-14]利用 XRD 物相分析方法对某镍渣进行物相分析，其结果（见图 2-3）表明该镍渣中主晶相为铁橄榄石。

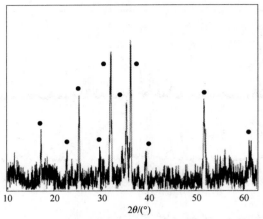

图 2-3 某镍渣 XRD 分析图谱

2.2.2 X 射线荧光光谱分析

X 射线荧光光谱分析是基于 X 射线的物理学、探测器、电子信息、计算机等多学科结合发展出的一门技术，它是利用射线荧光技术对样品的元素组成及含量进行识别和分析，可分为定性分析、半定量分析和定量分析等[15]。XRF 分析技术是一种无损检测样品的技术，可保全样品原始状态分析原子序数 9（氟）到原子序数 92（铀）之间的所有元素，部分仪器设备可以检测碳元素[16]。XRF 分析技术是一种分析范围广、不破坏样品结构、准确度高、检出限低以及分析速度快的现代仪器分析方法，广泛应用在钢铁冶金、地质环境、机械、化工等行业[17]。

XRF 主要用于铬镍冶金渣化学成分及其含量分析。林亮等人[18]采用 XRF 光谱仪（PW2424，Philips）对水淬二次镍渣粉体的化学成分进行分析，其结果（见表 2-3）表明该镍渣的 SiO_2、Al_2O_3、CaO、MgO 等成分含量相对较高。

表 2-3 镍渣粉体的化学成分（质量分数） （%）

成分	CaO	SiO_2	Al_2O_3	Fe_2O_3	Na_2O	K_2O	MgO	TiO_2	L. O. I	合计
含量	29.76	34.33	20.88	1.28	0.20	0.29	9.69	0.56	3.01	100.00

北京科技大学 Wang Zhiqiang 等人[19]采用 X 射线荧光光谱仪对来自金川集团公司的某镍渣进行了成分分析，结果表明该镍渣的主要化学成分为 FeO、SiO_2、Al_2O_3、CaO 和 MgO（见表 2-4）。

表 2-4 金川某镍渣化学成分（质量分数） （%）

成分	FeO	SiO_2	MgO	CaO	Al_2O_3	NiO	CuO	Na_2O	L. O. I	合计
含量	42.01	34.61	8.86	3.37	8.26	0.12	0.04	0.02	2.71	100.00

铬渣的物相组成因原料和工艺而有所差异。中南大学刘伟等人[10]分析了某铬渣堆场的铬渣化学成分，其组成见表2-5。

表 2-5　铬渣的主要化学组成（质量分数）　　　　　（%）

成分	Fe_2O_3	SiO_2	Al_2O_3	CaO	MgO	K_2O	Na_2O	Cr(Ⅵ)	Cr(Ⅲ)
含量	9.23	7.03	8.20	26.83	24.98	0.055	0.39	1.16	3.22

XRF 分析方法可以检测多种形态物质的化学成分。与电感耦合等离子体光谱分析法、原子吸收光谱法等相比，XRF 分析方法在样品形式、检出限、分析范围、分析速度、精密度和准确度等方面都具有相当的水平，其优势在于 XRF 分析不破坏样品、分析速度快、结果稳定可靠、检测范围广等。表 2-6 为物质化学组分常见分析方法对比[20]。

表 2-6　化学组分分析常见方法对比

方法	溶液分析	固体分析	多元素分析	微量分析	精密度	准确度
ICP-AES	良好	不能	良好	良好	良好	良好
AAS	良好	不能	不能	良好	良好	良好
XRF	良好	可以	良好	不能①	良好	良好

①分析前通过浓缩处理才能实现。

2.2.3　电感耦合等离子体光谱分析

电感耦合等离子体光谱分析法（Inductively Coupled Plasma-Atomic Emission Spectrometry，ICP-AES）是 20 世纪 60 年代开发的一种新型原子发射光谱分析法，它是以电感耦合等离子体光源代替经典的激发光源（电弧、火花），适用于固、液、气态样品的直接分析，具有多元素、多谱线同时测定的特点，是实验室元素分析的理想方法。目前 ICP-AES 主要用于溶液分析，其因检出限低、精密度好、动态范围宽、基体效应小和无电极污染等优点，而获得广泛的应用[21]。由于各个元素具有丰富的原子线和离子线，含 0.1%Cr 的溶液呈现 4000 多条谱线，各元素的 ICP 谱线之间存在一定的干扰性，因此，高分辨率是 ICP-AES 仪器可靠性的基本保证[22]。

ICP-AES 常应用于固体废物浸出液的成分分析。固体废物浸出液的成分十分复杂，且各元素含量差别很大，ICP-AES 是其常用的分析手段之一。该方法的准确度和精密度较好，具有检出限低、多元素同时分析和动态范围宽等特点。该方法适用于固体废物和废物浸出液中银（Ag）、铝（Al）、砷（As）、钡（Ba）、铍（Be）、钙（Ca）、镉（Cd）、钴（Co）、铬（Cr）、铜（Cu）、铁（Fe）、钾（K）、镁（Mg）、锰（Mn）、钠（Na）、镍（Ni）、铅（Pb）、锑（Sb）、锶

（Sr）、钍（Th）、钛（Ti）、铊（Tl）、钒（V）、锌（Zn）等元素的测定[7]。

中国环境监测总站董旭辉等人[23]采用 ICP-AES（ICPQ-1000，日本岛津）测定铜渣、尾矿渣、铬渣、铅渣、粉煤灰和电镀污泥试样的浸提液中 Cu、Pb、Zn、Cd、Ni、Fe、Mn、Co 和 V 等多种金属元素。其中铬渣测定结果见表 2-7。根据浸出液中各元素的含量（<10 µg/mL），试验了 0~1000 µg/mL 的 K、Na、Ca、Mg、Al；0~100 µg/mL 的 Fe、Zn；0~50 µg/mL 的 Cu、Pb、Mn 以及 0~20 µg/mL 的 Ni、Cd、V、Co 对各被测元素的影响，结果表明上述浓度范围的元素基本不干扰待测元素的结果。

表 2-7　铬渣 ICP-AES 测定结果

项目	Cu	Pb	Zn	Cd*	Ni	Fe	Mn	Co	V*
$X/mg \cdot mL^{-1}$	7.41	0.06	2.45	0.05	0.40	0.18	1.70	0.19	0.07
$S_b/\%$	0.19	0.01	0.15		0.01	0.01	0.06	0.02	
$CV/\%$	2.6	16.1	6.1		2.1	7.4	3.5	7.7	

注：1. 浸出液浓缩倍数分别为：铜渣、尾矿渣、铬渣及铅渣 5 倍，粉煤灰和电镀污泥 10 倍，带 * 者浓缩 20 倍。

　　2. 平均值 X 和标准偏差 S_b 均为 6 次测定的平均值。

　　3. CV 为相对标准偏差。

中国科学院过程工程研究所林晓等人[24]对河南省某铬盐厂的铬渣中各化学组分进行六价铬浸出特性分析，采用 ICP（Perkin-Emer，Optima 5300 DV）对铬渣组分进行分析，得到如表 2-8 所示化学成分。

表 2-8　河南某铬渣化学成分（质量分数）　　　　（%）

成分	CaO	MgO	Fe_2O_3	Al_2O_3	SiO_2	Na_2O	Cr_2O_3	$Cr(VI)_{水溶}$	$Cr(VI)_{酸溶}$
含量	33.6	17.7	18.4	8.1	4.4	1.1	4.0	0.83	0.36

2.2.4　扫描电子显微分析

扫描电镜利用聚焦得非常细的高能电子束在试样上扫描，激发出各种物理信息。电镜的电子枪发射出电子束，电子在电场的作用下加速，经过两三个电磁透镜的作用后在样品表面聚焦成极细的电子束。该细小的电子束在末透镜上方的双偏转线圈作用下在样品表面进行扫描。其主要是利用二次电子信号成像来观察样品的表面形态，即用极狭窄的电子束去扫描样品，通过电子束与样品的相互作用产生各种效应[25]。

通过 SEM 图像可观察镍铬冶金渣表面形貌，了解渣中各相的分布形态。杨志强等人[12]利用 SEM 图像观察了金川水淬镍渣尾砂的表面形貌（见图 2-4），结果显示该镍渣为玻璃体与结晶体相间分布，硅（铝）氧四面体以玻璃网状结构相连接或以晶体格子状质点结构相连接，或以晶界过渡状结构相连接。

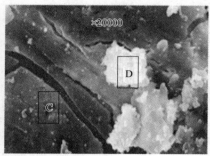

图 2-4 金川水淬镍渣尾砂的 SEM 图像

西安建筑科技大学李小明等人[26-27]对国内某企业镍渣进行了 XRD 和 SEM 分析。由 SEM 图像（见图 2-5）可见，颗粒很细的镍铁硫化物广泛分布于镍渣中，同时有少部分冰铜存在。结合其 XRD 图谱分析，镍渣中的主要结晶相为镁橄榄石 Mg_2SiO_4、铁橄榄石 Fe_2SiO_4 和 $FeNiS_2$，结晶相之间有不规则的硅氧化物填充相，铁的存在方式以正硅酸铁为主，水淬的镍渣中还含有大量的玻璃相。

图 2-5 国内某镍冶炼渣的 SEM 图像

哈尔滨工业大学王斌远等人[28]对某铁合金厂铬渣进行了 SEM 分析，结果表明铬渣没有比较规则的晶体结构，而是由块状、片状固体交织在一起的多孔松散形态（见图 2-6）。这是铬渣复杂结构与成分的表现之一。

2.2.5 傅里叶变换红外光谱分析

傅里叶变换红外光谱分析是通过测量光谱干涉图并进行傅里叶变换得实际的吸收光。FT-IR 具有高检测灵敏度、高测量精度、高分辨率、测量速度快、散光低以及波段宽等特点。随着计算机技术的不断进步，FT-IR 也在不断发展。FT-IR 方法现已广泛地应用于有机化学、有机金属化学、无机化学、催化、石油化工、

图 2-6　铬渣的 SEM 照片

材料科学、生物、医药和环境等领域[29]。对于铬镍冶金渣，FT-IR 主要用于表征其表面官能团。

　　林亮等人[18]利用傅里叶变换红外光谱仪（IRAffinity-1，日本岛津）对某镍渣进行了表面官能团分析，结果如图 2-7 所示。从图中可以看出，该镍渣呈现玻璃态物质的红外光谱特征，吸收谱带少而且纯化。3446 cm^{-1} 位置出现一个较强且宽的吸收峰，该峰处于 3200 ~ 3600 cm^{-1} 的范围内，表示分子间氢键 O—H 的对称和非对称伸缩振动，是羟基 OH 的特征峰，可能是吸附剂表面的 Si—OH、Al—OH 和水分中游离或缔结的羟基振动引起的。在 1556 cm^{-1} 和 1536 cm^{-1} 处出现了属于—OH 键的面内变形振动峰。1004 cm^{-1} 强宽吸收带是镍渣主要成分中的 [SiO$_4$] 四面体不对称伸缩振动引起的，表明镍渣中 [SiO$_4$] 四面体呈近似孤立状态，骨架结构松弛，整体聚合度较低。471 cm^{-1} 为 [SiO$_4$] 四面体的面外弯曲振动带。694 cm^{-1} 左右的吸收带表明有四配位的 Al 原子存在，即 Al^{3+} 作为网络形成体，部分取代 [SiO$_4$] 四面体骨架中 Si^{4+} 的位置，形成 [AlO$_4$] 四面体。

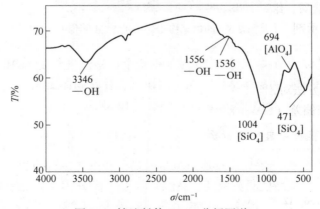

图 2-7　镍渣粉体 FT-IR 分析图谱

2.2.6 滴定分析法

滴定分析法是化学分析法的一种。将一种已知浓度的试剂溶液（称为标准溶液）滴加到被测物质的溶液中，直到化学反应完全时为止，然后根据所用试剂溶液的浓度和体积可以求得被测组分的含量，这种方法称为滴定分析法[30]。

《固体废物 总铬的测定 硫酸亚铁铵滴定法》（GB/T 15555.8—1995）[31]规定固体废物中总铬的测定用硫酸亚铁铵滴定法，该方法适用于固体废物浸出液中总铬的测定，同时可测量水和废水中的总铬。该方法的定量下限为 1 mg/mL。钒对该测定方法有一定的干扰，除钒渣浸出液外，一般浸出液中钒的含量低不会影响测定结果。三价铁对测定结果有一定的干扰，当其浓度为铬的 175 倍时，可引入 2.8% 的相对误差。

硫酸亚铁铵滴定法的测定原理为，在酸性溶液中，以银盐作催化剂，用过硫酸铵将三价铬氧化成六价铬；加入少量氯化钠并煮沸除去过量的过硫酸铵及反应中产生的氯气等氧化剂；以 N-苯代邻氨基苯甲酸做指示剂，用硫酸亚铁铵溶液滴定六价铬，过量的硫酸亚铁铵与指示剂反应，溶液呈亮绿色作为终点；根据硫酸亚铁铵标准溶液的用量计算出固体废物浸出液中总铬的含量。

西部金属材料股份有限公司理化检验中心周金芝等人[32]采用硫酸亚铁铵滴定法对铝钒锡铬合金中钒和铬进行了连续测定。其试验方法如下。

称取 0.1000 g 铝钒锡铬合金试样于 500 mL 三角瓶中，加入 50 mL 硫酸-磷酸-硝酸混酸分解试样。待试样分解完全，取下冷却，加水至 100 mL，加入几滴高锰酸钾溶液至溶液的红色稳定，放置 3 min。加入 10 mL 尿素溶液，混匀后滴加亚硝酸钠溶液至红色褪去。以 N-苯代邻氨基苯甲酸溶液做指示剂，用硫酸亚铁铵标准滴定液滴定，溶液恰好由紫红色变为亮绿色为终点。根据消耗的硫酸亚铁铵标准滴定液的体积计算钒的含量。将滴定钒后的溶液加水至 200 mL，加入 5 mL 硝酸银溶液、30 mL 过硫酸铵溶液，置于电炉上加热至沸 3 min，取下，缓慢加入 5 mL 盐酸，继续加热至氯化银沉淀凝聚，取下冷却。以 N-苯代邻氨基苯甲酸溶液做指示剂，用硫酸亚铁铵标准滴定液滴定，溶液由紫红色恰变为亮绿色到终点。所消耗的滴定液体积为钒铬的含量，两次滴定所消耗滴定液的体积之差即为滴定铬所需滴定液的体积，据此求得铬的含量。

按照试验方法对铝钒锡铬合金试样独立测定 10 次，根据所得数据计算平均值（A）、标准偏差（SD）及相对标准偏差（RSD），其结果见表 2-9。

表 2-9 铝钒锡铬合金中铬和钒测定试验结果 （%）

项目	测 定 值	A	SD	RSD
V	58.49，58.35，58.57，58.63，58.31，58.68，58.63，58.49，58.36，58.45	58.50	0.13	0.22
Cr	12.78，12.56，12.49，12.49，12.62，12.71，12.69，12.58，12.65，12.59	12.62	0.094	0.75

从表 2-9 可知，钒、铬测定结果的相对标准偏差分别为 0.22% 和 0.75%，说明测定结果有较高的精密度。

2.3 铬镍渣物理化学特性与处置技术

铬渣主要来源于电镀、冶金、化工、皮革、纺织印染、陶瓷、玻璃和摄影行业，属排名前 20 位有毒有害物质。我国是铬盐生产大国，据统计，全国每年新排放铬渣约为 6×10^5 t，历年来铬渣堆存量已达 6×10^6 t，经过无害化处理或综合利用的不足 17%[33-34]。未采取解毒措施的铬渣对环境造成了严重破坏，铬渣的碱度比较高，新排出的铬渣 pH 值为 11~12。铬渣的表面长期以来无植物和菌类生长，主要原因是铬渣的碱度过高和含有毒的六价铬[35]。

铬渣中的化学组成较为复杂，其中六价铬具有很强的毒性[36-38]。六价铬是国际公认的三种最强的致癌物质之一，对人体健康构成严重危害[39]。铬渣外观一般呈粉末状，其中包含大量块状体，铬渣中的铝、镁、钙、硅的氧化物都是灰白色或白色，因渣中夹杂有红棕色的氧化铁和少量的游离碳，把渣染成了灰褐色。露天堆放的铬渣含水量约 10%，堆积密度为 1.1~1.3 t/m³。

铬渣中主要含有未反应的铬铁矿、高温焙烧生成的氧化镁、硅酸二钙和铁铝酸钙，其次含有铝酸钙、铁酸二钙与铁铝酸钙形成的固溶体，此外铬渣中还有少量的无定形物（玻璃）和碳酸钙等[40]。铬渣的主要化学成分见表 2-10。

表 2-10 铬渣的主要化学成分（质量分数） （%）

成分	CaO	MgO	Fe_2O_3	Al_2O_3	SiO_2	Cr(Ⅵ)	Cr(Ⅲ)
含量	23~35	15~33	7~12	6~10	4~11	1~2	2.5~7.5

铬渣的处理处置技术分为无害化处理和综合利用两大类。无害化处理主要有化学法、微生物法和固化法等。综合利用的主要有制水泥、制玻璃着色剂、烧结炼铁、制耐火材料、制微晶玻璃、制钙镁磷肥、筑路等。铬渣的无害化处理可看作是综合利用的前处理，是铬渣稳定化处理过程中至关重要的步骤。

镍冶金分为火法和湿法两大类。我国镍的生产主要采用硫化镍矿的火法冶炼，采用的生产工艺有电炉熔炼、闪速炉熔炼和鼓风炉熔炼三种。2011 年我国精炼镍产量为 4.803×10^5 t，占世界总量的 28.90%[41]。闪速炉每生产 1 t 镍排出 6~16 t 镍渣[42]，经水淬急冷形成粒径 5 mm 以下的不规则颗粒渣，其铁含量高，呈灰黑色。水淬镍渣脆性好，含有较多的玻璃体，因此具有较好的活性。镍渣的化学成分与高炉渣相似，但含量上有较大差异，并且其化学成分随矿石的性质、来源和冶炼方法的不同而不同，主要为铁橄榄石类型的炉渣，其堆积密度大[43]。镍渣中，SiO_2 为 30%~50%，Fe_2O_3 为 30%~60%，CaO 为 1.5%~5%，MgO 为

$1\% \sim 15\%$，Al_2O_3 为 $2.5\% \sim 6\%$，此外，镍渣还含有少量的镍、钴、铜、金、银、砷和镉等有价金属。表 2-11 为我国镍冶炼企业排放的镍渣的化学成分[44]。

表 2-11 我国镍冶炼厂镍渣的化学成分（质量分数）　　　（%）

产　地	SiO_2	Fe_2O_3	MgO	CaO	Al_2O_3	K_2O	Na_2O	MnO
金川集团	31.28	57.76	2.66	1.73	4.74	0.46	0.04	
新疆喀拉通	36.98	53.88	1.24	4.02	2.71	0.48	0.46	0.13
吉林镍业	48.31	27.45	15.15	2.88	5.93			
广东禅城矿业	33.98	54.82	5.07	1.59	2.32			

目前，镍渣的处理与利用主要包括提取有用元素（Ni、Cu、Co 和 Fe），生产新型建材与制品如水泥、混凝土掺合料、水泥制品等，作为井下充填材料，生产微晶玻璃和陶瓷等。

2.4　重金属浸出毒性

浸出毒性是固体废弃物的重要特性之一，是危险废物的重要评价指标。《危险废物鉴别标准　浸出毒性鉴别》（GB 5085.3—2007）规定的鉴别标准为：按照《固体废物　浸出毒性浸出方法　硫酸硝酸法》（HJ/T 299—2007）制备的固体废物浸出液任何一种危害成分含量超过表 2-12 所列的浓度限值，则判定该固体废物是具有浸出毒性特征的危险废物。

表 2-12 浸出毒性鉴别标准值（部分）

序号	危害成分项目	浸出液中危害成分浓度限值/mg·L^{-1}	分 析 方 法
1	总铬	15	GB 5085.3—2007 附录 A～附录 D
2	铬（六价）	5	GB/T 15555.4—1995
3	镍（以总镍计）	5	GB 5085.3—2007 附录 A～附录 D
4	镉（以总镉计）	1	GB 5085.3—2007 附录 A～附录 D
5	铅（以总铅计）	5	GB 5085.3—2007 附录 A～附录 D
6	汞（以总汞计）	0.1	GB 5085.3—2007 附录 B
7	锌（以总锌计）	100	GB 5085.3—2007 附录 A～附录 D
8	铜（以总铜计）	100	GB 5085.3—2007 附录 A～附录 D

铬镍冶金渣中的六价铬浓度在 $1\% \sim 2\%$、镍浓度在 $0 \sim 1\%$。若不经过重金属解毒、提取、固化等处理，铬镍冶金渣中的重金属浸出毒性将远高于 HJ/T 299—2007 规定的铬（六价）5 mg/L、镍（以总镍计）5 mg/L 的上限值，被判定为危险固体废物。HJ/T 299—2007 规定了固体废物的浸出毒性浸出程序及其质量保证

措施，适用于固体废物及其再利用产物以及土壤样品中有机物和无机物的浸出毒性鉴别。

《铬渣污染治理环境保护技术规范》（HJ/T 301—2007）明确规定，铬渣解毒就是将铬渣中的 Cr^{6+} 还原成 Cr^{3+} 并固化，解毒后铬渣用于水泥预烧料，其六价铬浸出浓度小于 0.5 mg/L，总铬浓度小于 1.5 mg/L。铬渣的湿法解毒是在液态介质中利用还原性物质将铬渣中六价铬还原为三价铬并固化；铬渣的干法解毒是在高温下利用还原性物质将铬渣中的六价铬还原为三价铬并固化[45]。

绵阳市环境监测中心站兰霜等人[46]采用干湿法结合的"增压隔氧法"对某公司铬渣进行了解毒研究，将采集的铬渣样品破碎成为粒径小于9.5 mm的颗粒，再按照 HJ/T 299—2007 要求，制备铬渣浸出液。浸出液中六价铬分析方法为《二苯碳酰二肼分光光度法》（GB/T 7467—1987），浸出液中总铬分析方法为《高锰酸钾氧化-二苯碳酰二肼分光光度法》（GB/T 7466—1987）。研究中 A、B、C、D 四组各 10 个、共 40 个样品，解毒前铬渣样品总铬浓度在 114.14~142.55 mg/L，均值为 129.21 mg/L；六价铬浓度在 102.94~136.30 mg/L，均值为 124.76 mg/L，具体浸出毒性数据见表 2-13。对比总铬与六价铬的浓度，可知该铬渣中铬主要以六价铬形式存在。被检测的 40 个样品的总铬、六价铬浓度均远远超过 GB 5085.3—2007 要求，样品超标率 100%。

表 2-13 铬渣解毒前六价铬、总铬含量

序号	项目	均值/mg·L⁻¹	超标倍数	最大值/mg·L⁻¹	最小值/mg·L⁻¹	标准偏差/%
A	总铬	124.65	6.8~7.7	129.82	117.22	4.1
	六价铬	120.29	22.1~23.9	124.74	115.40	3.3
B	总铬	130.36	7.3~8.2	137.85	125.12	3.9
	六价铬	122.60	22.0~24.7	128.30	114.96	4.1
C	总铬	131.31	7.1~8.4	141.01	121.34	5.4
	六价铬	129.20	22.9~26.3	136.30	119.40	4.9
D	总铬	130.53	6.6~8.5	142.55	114.14	7.6
	六价铬	126.96	19.6~26.2	135.86	102.95	9.6

经过解毒处理后，40 个铬渣样品总铬浓度在 0.008~0.051 mg/L，均值 0.036 mg/L；六价铬浓度在 0.004~0.018 mg/L，均值 0.010 mg/L，40 个样品均达到 GB 5085.3—2007 中总铬浓度低于 15 mg/L、六价铬浓度低于 5 mg/L 要求，样品达标率 100%。铬渣解毒工艺对总铬和六价铬的去除效率均达到 99.9%以上，解毒后铬渣中的六价铬平均占比为 32.6%。

中南大学刘伟等人[10]研究了 Na_2CO_3-CO_2-H_2O 浸出剂体系对铬渣中六价铬的浸出特性，并对 H_2O、CO_2-H_2O、Na_2CO_3-H_2O 浸出剂体系对六价铬浸出效果

进行了对比研究。将铬渣在浸出剂溶液中 80 ℃反应 6 h，Na_2CO_3 浓度为 120 g/L（以 Na_2O 计），固液比为 1∶15。对铬渣进行六价铬浸出处理后，其六价铬含量均有所降低，结果如图 2-8 所示。

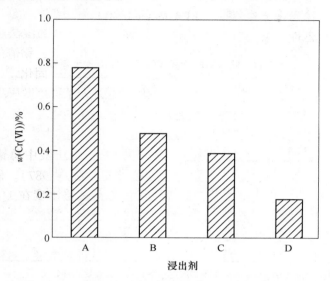

图 2-8　浸出剂对处理后渣中 Cr（Ⅵ）含量的影响
A—H_2O；B—CO_2-H_2O；C—Na_2CO_3-H_2O；D—Na_2CO_3-CO_2-H_2O

　　结果表明分别采用 H_2O、CO_2-H_2O、Na_2CO_3-H_2O 和 Na_2CO_3-CO_2-H_2O 体系处理后，铬渣中六价铬浓度依次降低，说明 Na_2CO_3-CO_2-H_2O 浸出剂体系具有相对较优浸出效果。

　　进一步采用 Na_2CO_3-CO_2-H_2O 体系浸出处理，在温度为 80 ℃，固液比为 1∶15，Na_2CO_3 质量浓度为 120 g/L，CO_2 体积分数在 5%的条件下，浸出 24 h 后，再对处理后的铬渣进行湿磨处理并且二次浸出，最终处理铬渣中 Cr（Ⅵ）的质量分数降至 0.13%。采用 HJ/T 299—2007 对处理后的铬渣进行浸毒测试，毒性浸出液中 Cr（Ⅵ）和总 Cr 质量浓度分别为 1.21 mg/L 和 1.51 mg/L，均远低于 HJ/T 301—2007 中规定的限值。

　　哈尔滨工业大学王斌远等人[28]采用我国通用的硫酸硝酸法和美国毒性特征浸出程序（Toxicity Characteristic Leaching Procedure，TCLP）对某铁合金厂的铬渣进行了毒性浸出研究。

　　（1）硫酸硝酸法：取铬渣样品 150.0 g，浸提剂采用硫酸硝酸混合溶液，pH 值为 3.20±0.05，固液比为 1∶10，置于翻转振荡器中，在转速 30 r/min、温度（23±2）℃条件下振荡 18 h 后过滤浸出液，测定浸出液的 pH 值、总铬和六价铬质量浓度。具体操作步骤参照 HJ/T 299—2007。

（2）毒性特征浸出程序方法：取铬渣样品 100.0 g，浸提剂采用醋酸缓冲溶液，pH 值为 4.93±0.05，固液比为 1∶20，置于翻转振荡器中，在转速 30 r/min、温度（23±2）℃条件下振荡 18 h 后过滤浸出液，测定浸出液的 pH 值、总铬和六价铬质量浓度。具体操作步骤参照 USEPA Method 1311。

该铬渣浸出毒性结果见表 2-14。

表 2-14　硫酸硝酸法和 TCLP 法铬渣浸出毒性

序号	实验方法	pH 值	$p(Cr^{6+})/mg \cdot L^{-1}$	Cr^{6+} 浸出率/%	$p(TCr)/mg \cdot L^{-1}$	总 Cr 浸出率/%
1	硫酸硝酸法	12.2	452.71	48.68	514.50	18.13
2		12.2	436.59	46.95	505.50	17.81
3		12.1	415.10	44.63	485.00	17.09
平均值		12.2	434.80	46.75	501.67	17.68
1	TCLP	9.5	325.09	69.91	379.50	26.74
2		9.5	346.59	74.54	393.25	27.71
3		9.5	342.56	73.67	389.25	27.43
平均值		9.5	338.08	72.71	387.33	27.30

注：浸出率即浸出的铬或六价铬的质量占铬渣中总铬和六价铬质量的百分比。

从表 2-14 可以看出，硫酸硝酸法浸出六价铬平均质量浓度为 434.80 mg/L，总铬平均质量浓度为 501.67 mg/L，浸出液 pH 值为 12.2；TCLP 法浸出六价铬平均质量浓度为 338.08 mg/L，总铬平均质量浓度为 387.33 mg/L，浸出液 pH 值为 9.5。根据 GB 5085.3—2007，固体废物经硫酸硝酸法浸出后，浸出液中六价铬和总铬质量浓度分别高于 5 mg/L 和 15 mg/L 时，就定义为危险废物。该铬渣的硫酸硝酸法浸出液中 Cr^{6+} 和总 Cr 质量浓度远远超过标准值，属于危险废物。

对比两种浸出结果可知，硫酸硝酸法浸出液中六价铬和总铬质量浓度高于 TCLP 浸出液中，而六价铬和总铬浸出率却低于 TCLP 法。这主要是由于两种方法的液固比和浸提剂的种类不同造成的。TCLP 法以醋酸作为浸提剂，而醋酸具有一定的缓冲能力，在浸出过程中能保持相对低一些的 pH 值。当浸出液 pH 值大于 8 时，Cr 溶出量会随着 pH 值的降低而增加，因此，TCLP 法中 Cr 浸出量略高于硫酸硝酸法。两种浸出液中 Cr 的形态均以 Cr^{6+} 为主。

中国矿业大学何绪文等人[47]采用标准浸出方法对某镍冶炼厂镍渣的重金属浸出毒性进行了鉴别研究。按照《危险废弃物鉴别技术规范》（HJ/T 298—2007）对镍渣进行采样。采用 MARS-5 微波消解仪（美国 CEM）消解渣样，采用 iCAP6000 SE-RIES 型电感耦合等离子体发射光谱仪（ICP-AES）测定铬、铜、铅、锌等元素含量。根据 HJ/T 299—2007 进行浸出毒性测试，发现该镍渣浸出液中重金属元素浓度低于 GB 5085.3—2007 浓度限值，即镍渣不属于危险废物，为一般工业废物。表 2-15 为该镍渣的重金属浸出毒性鉴别结果。

表 2-15　镍渣重金属浸出毒性鉴别结果　　　　（mg/L）

重金属元素	Cr	Pb	Cu	Zn
HJ 557—2009	0.0097	未检出	0.0033	2.226
HJ/T 299—2007	0.0086	0.0075	0.2125	2.719
危险废物浓度限值	15	5	100	100
一般工业固废浓度限值	1.5	1	2	5

进一步采用《固体废物浸出毒性浸出方法　水平振荡法》（HJ 557—2009）进行毒性浸出测试，发现该镍渣浸出液中重金属离子浓度均小于《污水综合排放标准》（GB 8978—1996）中的三级标准，镍渣属于第 I 类一般工业固体废物。然而，该镍渣重金属浸出毒性鉴别中未列出镍元素的浸出浓度。

参 考 文 献

[1]　谭建红. 铬渣治理及综合利用途径探讨 [D]. 重庆：重庆大学，2005.

[2]　韩露，谭建红，刘思琪. 铬渣的环境危害及其治理技术研究 [J]. 广州化工，2016（6）：10-11，24.

[3]　刘帅霞. 两段式还原工艺解毒铬渣技术研究 [D]. 上海：东华大学，2013.

[4]　我国工业固体废物污染治理行业 2006 年发展报告 [J]. 中国环保产业，2007（11）：12-15.

[5]　刘瑜，王雨，李银，等. 铬在含水介质中的迁移及释放规律 [J]. 土壤通报，2017（2）：313-318.

[6]　苗雨，张望，杨晓松，等. 镍渣的综合利用技术 [C]. 中国环境科学学会学术年会2013. 云南昆明，2013.

[7]　GB 5085.3—2007，危险废物鉴别标准　浸出毒性鉴别 [S].

[8]　HJ/T 298—2007，危险废物鉴别技术规范 [S].

[9]　马世良. 金属 X 射线衍射学 [M]. 陕西：西北工业大学出版社，1987.

[10]　刘伟，李斌，周秋生等. Na_2CO_3-CO_2-H_2O 体系处理铬渣的热力学分析 [J]. 中南大学学报（自然科学版），2011（5）：1209-1214.

[11]　鲁逢霖. 金川镍渣直接还原磁选提铁实验研究 [J]. 酒钢科技，2014（3）：1-6，11.

[12]　杨志强，高谦，王永前，等，利用金川水淬镍渣尾砂开发新型充填胶凝剂试验研究 [J]. 岩土工程学报，2014（8）：1498-1506.

[13]　PAN J, et al. Utilization of nickel slag using selective reduction followed by magnetic separation [J]. Transactions of Nonferrous Metals Society of China, 2013, 23 (11): 3421-3427.

[14]　Li Y, Papangelakis V G, Perederiy I. High pressure oxidative acid leaching of nickel smelter slag: Characterization of feed and residue [J]. Hydrometallurgy, 2009, 97 (3/4): 185-193.

[15] 梁钰. X 射线荧光光谱分析基础 [M]. 北京：科学出版社，2007.

[16] 梁钰. 仪器分析与材料的发展 [J]. 上海钢研，1994 (1)：53-58.

[17] 刘艳芳. XRF 分析法测定不锈钢成分的方法技术研究 [D]. 成都：成都理工大学，57.

[18] 林亮，于岩. 镍渣表面理化特性及对 Pb^{2+} 与 Cu^{2+} 的吸附研究 [J]. 福州大学学报（自然科学版），2016 (1)：119-123.

[19] Wang Q. Crystallization behavior of glass ceramics prepared from the mixture of nickel slag, blast furnace slag and quartz sand [J]. Journal of Non-Crystalline Solids, 2010, 356 (31/32)：1554-1558.

[20] 段惠琳. XRF 法在 DD6 单晶合金成分分析中的应用研究 [D]. 南昌：南昌航空大学.

[21] 王鹏. 电感耦合等离子体光谱分析仪简介 [J]. 西北地质，2010, 43 (2)：119.

[22] 郑国经. 电感耦合等离子体原子发射光谱分析仪器与方法的新进展 [J]. 冶金分析，2014 (11)：1-10.

[23] 董旭辉，孙文舜，李国刚，等. ICP-AES 光谱法同时测定固体废物浸出液中的多种金属元素 [J]. 干旱环境监测，1995 (2)：69-73, 127.

[24] 林晓，曹宏斌，李玉平，等. 铬渣中 Cr(Ⅵ) 的浸出及强化研究 [J]. 环境化学，2007 (6)：805-809.

[25] 田青超，陈家光. 材料电子显微分析与应用 [J]. 理化检验（物理分册），2010. 46 (1)：21-25, 33.

[26] 李小明，谢庚，赵俊学等. 镍渣直接还原提铁及同时制备胶凝材料的研究 [J]. 有色金属（冶炼部分），2015 (12)：51-55.

[27] 李小明，沈苗，王羽中，等. 镍渣资源化利用现状及发展趋势分析 [J]. 材料导报，2017 (5)：100-105.

[28] 王斌远，陈忠林，李金春子，等. 铬渣中铬的赋存形态表征和酸浸出特性 [J]. 哈尔滨工业大学学报，2015 (8)：17-20.

[29] 翁诗甫. 傅立叶变换红外光谱分析 [M]. 2 版. 北京：化学工业出版社，2010.

[30] 年季强，朱春要，梁婷婷，等. 重量法和滴定法在测定钢砂铝中铝和铁的应用 [J]. 冶金分析，2015 (12)：17-22.

[31] GB/T 15555.8—1995，固体废物　总铬的测定　硫酸亚铁铵滴定法 [S].

[32] 周金芝，李佗. 硫酸亚铁铵滴定法连续测定铝钒锡铬合金中钒和铬 [J]. 冶金分析，2015 (6)：70-73.

[33] 朱永旗，刘楠. 铬渣无小事 [N]. 中国经济导报，2010-02-20 (C01).

[34] 陆清萍，武增强，郝庆菊，等. 铬渣无害化处理技术研究进展 [J]. 化工环保，2011 (4)：318-322.

[35] 丁凝，谢兆倩，孙峰. 铬渣处理技术及资源化利用研究进展 [J]. 能源环境保护，2014 (5)：5-8.

[36] 梁征. 刍议铬渣的矿物属性及化学处理的实践研究 [J]. 世界有色金属，2017 (12)：234-235.

[37] Dhal B, Thatoi H N, Das N N, et al. Chemical and microbial remediation of hexavalent chromium from contaminated soil and mining/metallurgical solid waste：A review [J]. Journal

of Hazardous Materials, 2013, 250-251: 272-291.

[38] Rögener F, Sartor M, Bán A, et al. Metal recovery from spent stainless steel pickling solutions [J]. Resources, Conservation and Recycling, 2012, 60: 72-77.

[39] Cieslak-Golonka M. Toxic and mutagenic effects of chromium (Ⅵ): A review [J]. Polyhedron, 1996, 15 (21): 3667-3689.

[40] 李陈君, 雷国元. 从铬渣中分离、回收铬的研究进展 [J]. 矿产综合利用, 2012 (5): 3-6, 10.

[41] 宓奎峰, 王建平, 柳振江, 等. 我国镍矿资源形势与对策 [J]. 中国矿业, 2013, 22 (6): 6-10.

[42] 何焕华, 蔡乔方. 中国镍钴冶金 [M]. 北京: 冶金工业出版社, 2000.

[43] 李彬. 熔融镍渣中磁铁矿晶体的析晶行为及其吸波性能研究 [D]. 兰州: 兰州理工大学, 2022.

[44] 李国洲, 张燕云, 马泳波, 等. 镍冶金渣综合利用现状 [J]. 中国冶金, 2017 (8): 1-5.

[45] 江玲龙, 李瑞雯, 毛月强, 等. 铬渣处理技术与综合利用现状研究 [J]. 环境科学与技术, 2013 (S1): 480-483.

[46] 兰霜, 王秀丽, 黄强, 等. 干湿法解毒铬渣的综合利用研究 [J]. 环境科学与管理, 2016 (9): 82-85.

[47] 何绪文, 石靖靖, 李静, 等. 镍渣的重金属浸出特性 [J]. 环境工程学报, 2014 (8): 3385-3389.

3 铬镍冶金渣的预处理技术

预处理是以机械处理为主，涉及废物中某些组分的简易分离及其物理性质变化的废物处理方法，目的是方便废物后续的资源化、减量化和无害化处理与处置。废物的处理、处置、资源化目的不同，采用的预处理技术也不同。对于资源化回收处理的铬渣、镍渣，常用破碎、磨粉、分选等工艺[1]。本章前两节主要介绍碎磨分选原理、分类与设备，举例说明铬渣、镍渣常用预处理技术；后两节简要介绍两种常用的分选工艺，即湿法回收与高温还原回收有价金属。

3.1 破碎与磨粉

镍渣按照其形成的方法可分为干渣和水渣。干渣多成块状，性脆易碎；水渣是干渣在融熔状态下淬水形成的细小颗粒，相对密度较小，性硬脆。干渣和水渣在处理方法上存在一定的区别，如：干渣多为块状，镍铁颗粒嵌布在块状干渣中，要想回收这些合金颗粒，必须经过破碎、研磨打破连生体状态，使渣与合金颗粒分离；而水渣由于淬水后渣与合金已全部单体解离，基本不需要破碎与研磨即可进入分选流程。铬渣中的铬铁合金被包裹在废渣中，要想回收铬铁合金必须对铬铁渣进行破碎，使铬铁合金与废渣单体解离，以最大程度回收铬铁合金颗粒。铬渣硬度较大，必须采用颚式破碎机进行第一道破碎工艺，第二道细碎处理可采用棒磨机等设备进行。下面将对碎磨工艺流程做简单介绍[2]。

3.1.1 破碎与磨粉的工艺流程

物料的破碎主要靠设备对矿物的挤压与冲击作用来实现，而研磨主要是靠设备对其冲击、研磨和磨剥作用来实现。破碎，就是大块或者待处理的矿石或其他物质，借助于外力的作用，克服其内部分子间的力而碎裂，使其粒度逐渐缩小的过程。破碎由物料的破碎、筛分、输送和储存四个过程组成。其技术经济指标有产量、产品质量、加工成本、破碎比、设备作业率等。破碎的基本任务是使矿石、原料或燃料达到一定粒度的要求，为磨矿作业提供原料。由于最终碎矿产品粒度即是磨矿机适宜的给矿粒度，因此破碎对磨矿机的生产能力和单位产品的能耗、钢耗有重要影响。磨粉是为选别准备好解离充分且过粉碎少的入选物料。一般认为，破碎作业的能量利用效率远远高于研磨作业，可以将其作为一个整体考虑，确定合理的破碎产品粒度，发挥破碎能耗低的长处，实行多碎少磨，实现最佳经济效益。

3.1.1.1 破碎段及破碎流程[3]

破碎段是碎矿流程的最基本单元，每一个破碎段只是总破碎工作的一部分，整个破碎流程才能完成全部破碎任务[3]。破碎段数不同以及破碎机和筛子的组合不同，便有不同的碎矿流程。破碎段是由筛分作业及筛上产物所进入的破碎作业组成。个别的破碎段可以不包括筛分作业或同时包括两种筛分作业。

破碎段的基本形式如图 3-1 所示。图 3-1（a）所示为单一破碎作业的破碎段；图 3-1（b）所示为带有预先筛分作业的破碎段；图 3-1（c）所示为带有检查筛分作业的破碎段；图 3-1（d）和（e）所示均为带有预先筛分和检查筛分作业的破碎段，其区别仅在于前者的预先筛分和检查筛分是在不同的筛子上进行，后者是在同一筛子上进行，所以图 3-1（e）可看成是图 3-1（d）的变形。

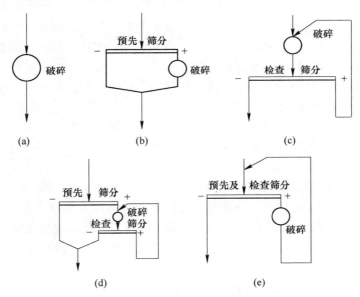

图 3-1 破碎段的基本形式

需要的破碎段数取决于原矿的最大粒度、要求的最终破碎产物粒度以及各破碎段所能达到的破碎比，即取决于要求的总破碎比及各段破碎比。故球磨作业前的破碎段通常用两段或三段。因具体计算方法非重点，本书不加以详述。

选矿厂基本的破碎筛分流程有两段破碎和三段破碎。两段破碎流程又分两段开路和两段一闭路两种。开路破碎是指破碎产品不再返回该段破碎作业进行再次破碎；闭路破碎是指破碎产品经筛分后，粒度不合格的部分（即筛上产物）又返回该段破碎作业重新进行破碎。就两段破碎流程而言，大多数选矿厂通常采用两段一闭路流程，即第二段破碎机与筛分机械构成闭路生产，这样能保证破碎产品的粒度要求，不影响球磨作业。而两段开路流程则用于某些重力选矿厂，其破碎产物再送往棒磨机中。两段破碎流程只适于地下开采的小型矿山，其所需的总破碎比不大，而且破碎机的处理量也不高。

三段破碎流程是选矿厂最常用的破碎筛分流程，它又为三段开路和三段一闭路两种流程。在两段和三段流程中，每段破碎作业前面设有预先筛分，以提高破碎机的生产能力，并避免矿泥堵塞。在某些情况下，第一段和第二段破碎作业前面不设预选筛分。对于三段开路流程，因为最后一段仍为开路，故很难保证破碎产品粒度的要求，一般用于大型选矿厂处理水分含量较高的矿石。而三段一闭路流程，是大、中型选矿厂最常用的破碎筛分流程。

3.1.1.2　磨粉流程[4]

磨粉一般采用磨矿机，磨矿机通常和分级机结合组成磨矿分级机组进行工作。磨矿机将被处理物料磨碎，分级机则将磨碎产物分为合格产物和不合格产物。不合格产物返回磨矿机再磨，以改善磨矿过程。分级机作业与分级返砂所进入的磨矿作业组成一个磨矿段。其主要影响因素是：矿石的可磨性和矿物的嵌布特性，磨矿机的给矿粒度、磨碎产物的要求粒度等。实践证明：采用一段或两段磨矿流程，可以经济地把矿石磨到选别所要求的任何粒度，而不必采用更多的磨矿段数。

一段磨矿流程主要优点有：分级机数目较少，投资较低；操作容易，调节简单；无段和段之间的中间产物运输，多系列磨矿机可摆在同一水平上，设备的配置较简单；不会因一段磨矿机或分级机的停工而影响另一磨矿段的工作，停工损失小；各系列可以安装较大型的设备。其缺点是：磨矿机的给矿粒度范围很宽，合理装球困难，磨矿效率低；一段磨矿流程中的分级溢流粒度一般为$-74~\mu m$占60%左右，不易得到较细的最终产物。根据上述特点，凡是要求最终磨碎产物粒度大于$0.15 \sim 0.2~mm$（即$-74~\mu m$占60%~72%）时，一般都应该采用一段磨矿流程。

两段磨矿流程主要优点是可以在不同的磨矿段中分别进行矿石的粗磨和细磨。粗磨时，装入较大的钢球并采用较高的转速，细磨时反之，这样可以提高磨矿效率。此外，两段磨矿流程适于阶段选别，在处理不均匀嵌布矿石与含有大密度矿物的矿石时，可及时将已单体解离的矿物分选出来，防止产生过粉碎现象，有利于提高选矿的质量指标，同时可以减少重金属矿物在分级返砂中的聚集，提高分级机的分级效率。因此中型和大型选矿厂，当要求磨矿粒度小于$0.15~mm$时，采用两段磨矿较经济。

3.1.2　常用破碎方法和设备[5]

我国碎磨设备发展很快，除自行开发外，还从美欧等工业发达国家引进了许多新产品的设计与制造技术，通过消化吸收，已基本形成批量生产能力，我国碎磨设备的技术水平迈上了一个新台阶。

破碎方法原理如图 3-2 所示，常见的破碎方法有：

（1）压碎法。压碎法是利用两破碎工作面逼近物料时加压，使物料破碎。这种方法的特点是作用力逐渐加大，力的作用范围较大。

（2）劈碎法。劈碎法是利用尖齿楔入物料的劈力，使物料破碎。其特点是力的作用范围较为集中，发生局部破裂。

（3）折断法。物料在破碎时，由于受到相对方向力量集中的弯曲力，物料被折断而破碎。这种方法的特点是除了在外力作用点处受劈力外，还受到弯曲力的作用因而易于使原料破碎。

（4）磨剥法。破碎工作面在物料上相对移动，从而产生对物料的剪切力。这种力是作用在矿石表面的，适用于对细小物料的磨碎。

（5）冲击法。冲击法的击碎力是瞬间作用在物料上，所以又称为动力破碎。

目前使用的破碎机对矿石的破碎作用往往是几种破碎方法联合作用。

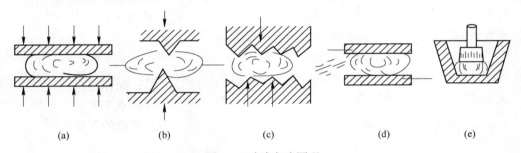

图 3-2　破碎方法原理
（a）压碎法；（b）劈碎法；（c）折断法；（d）磨剥法；（e）冲击法

近年来，新型碎磨设备不断问世，目的是获得更大的破碎比，获得更细粒级的破碎产品，以降低入磨物料粒度，节能降耗。同时传统设备也在进行结构创新，采用新技术、新材料进行改进，以改善性能，提高效率。破碎机按给矿和产品粒度大小可分为粗碎破碎机、中碎破碎机、细碎破碎机，也可按工作原理和结构特征进行区分。常见的类别如下：

（1）颚式破碎机。其工作部分由固定颚和可动颚组成。可动颚周期性地靠近固定颚，借压碎作用将装于其间的矿石破碎。固定颚和可动颚上破碎颚板表面具有波纹状牙齿，对原料也有劈碎和折断作用。近年来，有人提出对颚式破碎机的转速进行优化，以得到最大的生产率。

（2）旋回破碎机。旋回破碎机又称粉碎圆锥破碎机，破碎部件是由两个几乎成同心圆的圆锥体（不动的外圆锥和可动的内圆锥）组成。内圆锥以一定的偏心半径绕外圆锥中心线做偏心运动，矿石在两锥体之间受压碎和折断的作用而破碎。旋回破碎机破碎腔深度大，工作连续，因而生产能力大，单位电耗低。

（3）圆锥破碎机。其原理与旋回破碎机类似。为降低最终破碎产品粒度，提高破碎效率和降低能耗，大底锥角、大摆程、高摆频、优化的破碎腔型和内部结构是中细碎圆锥破碎机的发展方向。

（4）辊式破碎机。辊式破碎机因依靠轧辊的挤压力将矿石破碎而得名。使用高压辊机的最大破碎比可以达到 10 以上，是常规破碎机的 2.0~2.5 倍，处理能力是常规破碎机的 1.5~2.3 倍。

（5）冲击式破碎机。冲击式破碎机分为锤式破碎机和反击式破碎机。锤式破碎机由箱体、转子、锤头、反击衬板、筛板等组成。锤式破碎机工作时，电动机带动转子做高速旋转，物料均匀地进入破碎机腔中，高速回转的锤头冲击、剪切撕裂物料致物料被破碎，同时，物料自身的重力作用使物料从高速旋转的锤头冲向架体内挡板、筛条，大于筛孔尺寸的物料阻留在筛板上继续受到锤子的打击和研磨，直到破碎至所需出料粒度后通过筛板排出机外。锤式破碎机的主要易损件是锤头，锤头有高铬锤头、双液双金属复合锤头、高锰钢锤头、复合锤头等。破碎镍渣，锤式破碎机锤头基本用 1 天就要更换。

目前，破碎机应用的大致情况是：粗碎采用颚式破碎机或旋回破碎机，中碎采用标准圆锥或中型圆锥破碎机，细碎采用短头圆锥破碎机，小型厂家也采用反击式破碎机或辊式破碎机。

3.1.3　常用研磨设备[6]

磨机一般由筒体、衬板、给料器、排料器、中空轴、轴承、传动装置和润滑系统组成。其主要工作指标有生产率、粒度合格率、作业率和工作效率。大型磨机通常具有较高的比破碎速率，并可处理较粗粒级的物料，但磨机直径过大会降低矿料停留时间，阻碍能量从介质向矿粒的传递，导致磨矿产品单位能耗增高。近年来，磨机已由大型化向高效节能方向发展。

按排矿方式，磨矿机可分为溢流型磨机、格子型磨机、周边型磨机。按照磨矿介质，磨机可分为球磨机（介质为金属球）、砾磨机（介质为矿石或砾石）、棒磨机（介质为钢棒）、自磨机（以被磨矿石本身为介质），上述四种磨机基本结构大体相同，部分部件不同。一般中、小型选矿厂多采用常规的棒磨或球磨设备。

（1）棒磨机。棒磨机是在球磨机基础上发展起来的，具有加工技术可靠、投资少、辅助设备少、工艺流程简单等优点，使用中没有特别技术要求，可和球磨机组成不同的粉磨流程。其缺点是运转率比较低。棒磨机主要靠磨棒的压力和磨力来磨碎原料，当棒打击原料时，首先打击较粗粒级的原料，然后再对粒级较小的物料进行粉碎，棒与棒之间是线接触的，当棒沿着筒壁上升时，较粗粒级的矿粒夹杂其中，起到棒条筛的作用，较细粒级的物料可以通过棒与棒之间的缝隙，有利于夹碎较粗粒级的物料，也使得较粗粒级的矿粒可以集中在磨矿介质打击的地方，因此棒磨机具有选择性磨矿的作用，产品粒度均匀，过粉碎较少，特别适用于磨碎脆性物料。

（2）自磨机。自磨机的主要优点是给矿粒度大（最大给矿粒度一般为 200~350 mm），因此可取代中、细破碎及粗磨作业，减少生产环节，简化车间组成，减少选矿厂占地面积；具有一定的选择性碎磨作用，过粉碎少；不耗或少耗磨矿介质；对含泥含水较多的黏性原料采用湿式自磨可以避免常规流程中破碎、筛分等作业堵塞问题。其主要缺点是：在一般情况下，电耗比常规磨矿高；设备作业率比球磨机略低；对给矿粒度及可磨性敏感，生产易波动，操作较复杂。干式自磨由于有粉尘污染及风路系统磨损等问题，一般只限于在干旱缺水地区或必须采用干式选别的条件下采用。

（3）砾磨机。砾磨机常用于两段磨矿中的第二段磨矿作业，它可采用从破碎系统中筛出的块状原料作为磨矿介质，也可采用从第一段自磨机砾石窜排出的砾石或砂石场自然形成的砾石（卵石）作为磨矿介质。其主要优点是：不用金属介质，减少磨矿钢耗；对稀有金属矿和非金属矿选矿厂可减少铁分对选矿过程的污染，改善选别效果。其主要缺点是处理量低，在选矿厂规模相同的情况下，与采用棒磨机相比，磨机规格大、台数多、投资高。

（4）溢流型球磨机。其特点是构造简单、易于维修、磨矿产品较细，一般在 0.2 mm 以下。该设备由于磨机中矿液面高，矿浆在机内停留时间长，处理量比同规格格子型球磨机小，生产能力较低，易产生过粉碎，并且其构造较复杂，设备维修较麻烦。

镍渣和铬渣的磨粉系统也在不断更新和完善。石光等人[7]发明了一种镍渣粉磨系统，其主要包括喂料仓、定量给料机、柱磨机振动筛、皮带输送机、强力磁选机、镍渣立磨、干式磁选机、袋式收尘器、主排风机和热风炉系统。利用上述系统将水分不大于 5%、粒度小于 60 mm 的镍渣送入柱磨机中进行粉磨，得到含有 90% 以上粒度为 5 mm 以下的细粉，细粉经筛分后通过强力磁选机进行选铁，选铁后的镍渣在立磨中烘干、粉磨，最后，经磁选、多次循环粉磨后得到比表面积在 4200~4500 cm^2/g 的镍渣微粉成品。该实用新型系统产量大、粉磨效率高，使用费用和运行成本低，节电效果明显，提高经济效益。

3.2 分选回收有价金属

分选回收是固体废物处理中重要的单元操作，其目的是将固体废物中可回收利用的或不符合后续处理、处置工艺要求的物质分离出来。分选包括人工分选，机械分选和化学分选等[8]。机械分选是根据废物的粒度、密度、磁性、导电性、摩擦性、弹性、表面润湿性、颜色等物理性质的不同进行分选。本章主要介绍常用机械分选方法，以及铬渣、镍渣常见分选工艺。

3.2.1　常用分选回收方法

常见的分选回收方法有重力分选、磁力分选、浮选、光电分选、电力分选、摩擦与弹跳分选。不同的分选方法配有不同的分选设备，工厂常用重力分选、磁力分选与浮选。

3.2.1.1　重力分选

重力分选（重选）是一种历史悠久的选矿方法，很早以前人们就开始用兽皮淘析自然砂金（或天然矿物），后来又用木制的溜槽进行分选。重选是根据矿物相对密度的差异及其在介质中具有不同的沉降速度进行分选。重选方法简单，成本较低，目前仍然是钨锡矿与煤炭的主要选矿方法，在某些有色金属、黑色金属、贵金属及非金属矿的选别和预先富集得到了广泛的应用[9]。重选处理物料粒度范围大，特别适合处理具有一定相对密度差的粗粒物料，其处理细粒时选分效率较低。在重选过程中，用作选分介质的有水、空气、重液和悬浮液。根据作用原理及设备不同，重选可分为跳汰选矿、摇床选矿、溜槽选矿、重介质选矿等工艺[10]。

跳汰选矿是最重要的重选法之一，处理金属矿石粒度上限达 50 mm，下限达 0.007~0.2 mm，通常用来选别 2~18 mm 的粗粒矿石。跳汰过程的实质是使不同相对密度的矿粒混合物，在垂直运动的变速介质（水或空气）流中按相对密度分层，相对密度小的矿粒位于上层，相对密度大的矿粒位于下层，然后再借助机械的作用或水流的作用将其分成相对密度不同的产物，分别排出。跳汰机分为水力跳汰机和风力跳汰机，风力跳汰机应用很少。

摇床是分选中、细粒矿石的通用设备。其工作原理是借助机械的不对称往返运动和薄层斜面水流等联合作用，使倾斜床面上的颗粒松散、分层，从而按密度实现脉石与有用矿物的分离。摇床分选前，要对矿物颗粒进行水力分级。根据入选矿石粒度的不同，摇床可分为粗砂摇床、细砂摇床和矿泥摇床，其中粗砂摇床处理粒度为 0.5~2 mm，细砂摇床为 0.2~0.5 mm，矿泥摇床处理粒度小于 0.2 mm。摇床重选流程的主要优点是分选精确性高，经一次选别可以得到高品位精矿或废弃尾矿，成本低，简单可靠，指标稳定，不会造成环境污染。其主要缺点是设备占地面积大，单位厂房面积处理能力低。

溜槽选矿是利用斜面水流进行选矿的方法，将矿粒混合物给入倾角不大的斜槽内，在力的作用下，矿粒按相对密度沉在槽内的不同地带，分别接取后，即得精矿和尾矿。溜槽是最早出现的选矿设备，其优点是设备结构简单，投资和生产费用低廉，粗、中粒溜槽还有较高的处理能力，缺点是分选精确性、回收率较低，现多被跳汰机和摇床取代。

3.2.1.2 磁力分选

磁力分选（磁选）是在不均匀磁场中利用矿物之间的磁性差异而使不同矿物实现分离的一种选矿方法。磁选既简单又方便，不会产生额外污染，广泛应用于黑色金属矿石的分选、有色和稀有金属矿石的精选、重介质选矿中磁性介质的回收和净化、非金属矿中含铁杂质的脱除等方面[11]。部分有色金属和稀有金属矿物具有不同的磁性，当用重选和浮选不能得到最终精矿时，可用磁选结合其他方法进行分选。对于镍渣的分选，如高镍合金，由于其导磁性较差，采用磁选方法和磁选设备难以获得较好的分选指标，多采用重选或浮选。其中浮选法更为常用，磁选和重选通常为辅助方法。对于低镍合金，由于其自身带有磁性，因此采用中等强度磁场的磁选设备即可对其进行高效的分选，分选过程更为简单方便。

3.2.1.3 浮选

浮选法是利用矿物表面的物理化学性质差异来选别矿物颗粒的方法，是应用最广泛的选矿方法[12]。一般浮选过程包括：

（1）原料准备，包括磨矿分级，使入选物料单体分离符合浮选要求。

（2）矿浆调整，添加浮选药剂。

（3）充气搅拌，使矿粒在矿浆中悬浮，造成矿粒与气泡接触的机会。

（4）气泡的矿化，即矿粒的气泡附着。

（5）矿化泡沫的形成和刮出。

根据用途不同，浮选药剂[13]可分为以下几类：

（1）捕收剂。与矿物表面作用，附着于表面，增强矿物表面的疏水性，有利于矿粒被捕收于气泡上。

（2）起泡剂。浮选时泡沫是矿粒上浮的媒介。

（3）抑制剂。降低矿物可浮性的一种药剂。

（4）活化剂。消除抑制作用，促进可浮性，使矿物表面易于与捕收剂相作用。

（5）介质调整剂。调整矿浆的 pH 值，调整其他药剂的作用，消除对浮选有害的离子影响，并调整矿浆的分散与团聚。

如果矿石中含两种或两种以上的有用矿物，其浮选方法有两种：一种是优先浮选，将有用矿物依次一个一个的选出为单一精矿；另一种是将有用矿物共同选出为混合精矿，随后再将混合精矿中的有用矿物一个一个的分开，此法称为混合浮选。混合浮选节省磨矿费用，少用浮选设备，节省浮选剂。

浮选常用浮选机，按充气和搅拌的方式的不同，浮选机可分为以下三种[14]：

（1）机械搅拌式浮选机。由叶轮或回转子的旋转而使矿浆进行充气和搅拌。

（2）压气式浮选机。由外部用鼓风机送入压缩空气，使矿浆完成充气和搅拌。

（3）混合式浮选机。除由叶轮或回转子的旋转而使矿浆进气充气或搅拌外，还从外部鼓风机送入压缩空气。

近年来，除采用大型浮选机外，还出现回收微细物料的新方法。如选择性絮凝浮选，使有用矿物在选择性絮凝剂作用下絮凝成团，从而与分散的脉石矿物分离。该方法需要使矿浆处于强烈的搅拌状态，并且需要添加 pH 值调整剂及分散剂使脉石矿物保持分散状态。选择性絮凝工艺流程简单，易于工业化生产，具有良好的发展前景。

3.2.2 铬渣分选处理

铬的选别方法有重选、磁电选、高压电选、浮选、联合选等。生产上主要采用重选方法，常采用摇床和跳汰选别。

铬铁合金颗粒密度较大，只需简单的重选工艺方法即可将固体废渣与铬铁合金颗粒分开，达到分选的目的。用于铬渣的重选设备主要是跳汰机和摇床，跳汰机用于选粗、中、细粒矿物物料，摇床只能选别细粒物料。

常见的一种铬铁渣处理工艺流程如图 3-3 所示。

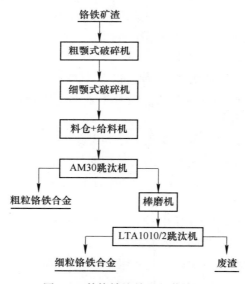

图 3-3 某铬铁渣处理工艺流程

该铬铁渣处理工艺流程以重力选矿的方法从铬铁矿渣中回收铬铁合金，采用两次跳汰机分选，分别获得粗粒和细粒铬铁合金颗粒，使铬铁回收的利益最大化。首先大块铬铁矿渣经过粗颚式破碎机破碎成小块，然后小块铬铁矿渣进入细颚式破碎机进行细破，最终粒度控制在 30 mm 以内，之后进入料仓，料仓下方设电磁振动给料机，将破碎后的铬铁渣均匀给入 AM30 跳汰机进行粗粒跳汰分选，得到粗粒铬铁合金和尾矿。尾矿中因嵌布有不少细粒铬铁合金，需采用棒磨机将 AM30 跳汰机尾矿进行研磨，得砂状铬铁矿渣，进入 LTA1010/2 跳汰机进行二次跳汰分选，得到细粒铬铁合金和废渣。该工艺流程对铬铁合金的总回收率在 90% 以上，是国内广泛应用的铬铁渣处理回收工艺流程。

胡义明等人[15]采用重选-浮选联合流程对某一低品位铬矿石进行试验研究（即在常规重选试验研究的基础上，对重选尾矿进行浮选试验研究）。结果表明：以氟化钠和苛性钠组合药剂作为活化剂，蓖麻油作为捕收剂，可以从重选尾矿中获得相对原矿产率 7.68%、相对原矿回收率 20.78%、品位 38.26% 的较好指标。该低品位铬矿石最终获得产率 28.79%、回收率 88.77%、品位 42.33% 最佳指标，这是使用单一重选和其他方法难以达到的指标。王晨亮等人[16]采用振动筛分级—旋流器脱泥工艺预处理云南某低品位铬铁矿石，获得了 Cr_2O_3 品位为 18.52%、回收率为 84.61% 的沉砂。对其进行单一摇床重选、单一高梯度强磁选、磁重联合工艺流程对比试验。结果表明：采用磁重联合工艺可以获得 Cr_2O_3 品位为 45.29%、回收率为 73.38% 的合格铬精矿。

3.2.3 镍渣分选处理

常用的镍渣分选方法有浮选法、磁选法等。以硫化铜镍浮选为例，常用的捕收剂有丁黄药、丁钱黑药、Y-89、Z-200、复黄药及黄药的脂类等，而松醇油作起泡剂，硫酸铜作活化剂。成分不同的镍渣可浮性不相同，因此浮选时需通过调整矿浆的 pH 值与抑制剂，使其分离。pH 值调整剂可选择 Na_2CO_3，抑制剂可选择石灰[17]。

硫化铜镍矿根据性质、组成以及铜镍金属含量不同，采用不同的分离工艺，主要有以下几种[18]：

（1）直接用优先浮选或部分优先浮选。当含铜比含镍量高得多时，可采用此工艺，把铜选成单独精矿。该工艺的优点是可直接获得含镍较低的铜精矿。

（2）混合浮选。该工艺用于选别含铜低于镍的原料，所得铜镍混合精矿直接冶炼成高冰镍。

（3）混合-优先浮选。从矿石中混合浮选铜镍，再从混合精矿中分选出含低镍的铜精矿和含铜的镍精矿。

（4）混合-优先浮选并从混合浮选尾矿中再回收部分镍。

周怡玫[18]对从反射炉镍渣中综合回收镍、铜进行了研究，采用磨矿筛分、浮选等方法，获得了较好的经济技术指标。在选矿过程中，通过破碎磨矿筛分，添加煤油和捕收剂等方法，成功地解决了回收片状金属的难题。

叶雪均等人[19]采用部分优先浮铜—铜镍混浮—铜镍分离的阶段磨选流程对某地高铜低镍硫化矿石进行了小型试验研究。结果表明，在碳酸盐介质中 BY-5 是含镁脉石矿物的有效抑制剂；YD 组合药剂可在低碱介质中实现铜镍分离，并获得较好分选指标。刘广龙[20]采用"两段磨矿两段浮选"工艺对我国西南某典型的碳酸盐化硫化镍矿石进行了浮选，取得较好的效果，而且浮选作业次数少，药剂制度简单易行。

还原焙烧-磁选工艺、氯化离析-磁选工艺和直接磁选工艺等也被应用在镍渣分选中。刘志国[21]选取铁质、铁镁质和镁质矿三种工业类型的红土镍矿为试样，研究矿石类型对红土镍矿直接还原工艺的影响规律及机理。结果表明，无添加剂时铁质红土镍矿中的镍较易回收，但难以获得高镍品位的镍铁产品，铁镁质红土镍矿的镍较难回收，镁质红土镍矿的镍最难回收，而且这两种矿石所得镍铁产品的镍品位和回收率都不理想。不同类型的红土镍矿需使用不同的添加剂来解决上述问题。铁质红土镍矿添加硫酸钠效果较好，铁镁质和镁质红土镍矿添加氟化钙效果较好。在焙烧温度 1200 ℃、焙烧时间 50 min、煤用量 6% 的焙烧条件下，铁质试样添加 9% 的硫酸钠可以获得镍品位为 10.53%，镍回收率为 86.17% 的镍铁产品；铁镁质和镁质试样添加 9% 的氟化钙可以分别获得镍品位为 9.66%、8.67%，镍回收率为 84.82%、81.14% 的镍铁产品。矿石类型对红土镍矿焙烧产物中镍铁颗粒的大小有很大影响，对镍和铁的还原影响较小。无添加剂时，由铁质红土镍矿到镁质红土镍矿，焙烧产物中的镍铁颗粒逐渐变小，磁选回收镍的难度逐渐增大。红土镍矿中的铁含量是影响硫酸钠和氟化钙作用效果的重要因素。硫酸钠能够明显抑制铁矿物的还原，对铁质红土镍矿作用效果较好；而铁含量低的红土镍矿添加硫酸钠后会形成 Fe-Ni-S，对镍的回收造成不利影响。氟化钙能够明显促进镍铁颗粒的聚集长大，对铁镁质和镁质红土镍矿作用效果较好。但氟化钙不能有效抑制铁矿物的还原，对铁质红土镍矿作用效果不大。

彭朋等人[22]开展了镍铜冶炼渣深度还原焙烧—高效分选技术研究，冶炼渣经优化焙烧试验后，在磨矿浓度为 75%，磨矿粒度为 -37 μm 占 90.21%，磁选磁场强度为 1400 Gs 条件下，镍回收率达 62.69%。倪文等人[23]也采用类似工艺研究了镍渣中铁资源的回收综合利用。在还原温度为 1300 ℃、还原剂为焦炭、改质剂为生石灰、还原时间为 2 h 和碱度为 0.8 的条件下，将镍渣中的硅酸铁还原成金属铁。通过采用磁选分离工艺将铁精粉与尾渣分离，最终获得铁品位为 89.84%、回收率为 93.21% 的铁精矿，实现了铁的富集。

氯化离析-磁选工艺的基本原理是在中性或弱还原气氛条件下，原料中的镍、钴和铁等金属氧化物可以被氯化剂释放出的氯化氢氯化生成相对应的氯化物，然后其氯化物蒸气在炭粒表面被离析得到金属单质或者合金，与此同时氯化剂得到再生，离析后的焙砂经过磁选可得镍、钴富集精矿。刘婉蓉[24]认为用氯化离析-磁选工艺可以选择性富集镍钴并降低硅、镁含量，显著降低药剂的使用量和后续净化过程的处理量。以国内某低品位红土镍矿为原料进行氯化离析-磁选试验，结果表明：在原矿粒度 0.12~0.15 mm，氯化钙用量按氯计算为原矿的 8%，还原剂粒度为 0.18~0.25 mm，用量为原矿的 6% 的物料配比，经过 1000 ℃、90 min 的氯化离析反应，得到焙砂细磨至 0.038~0.048 mm，在 3000 Gs 扫选、1000 Gs 精选的条件下，可以得到磁选镍精矿产品，指标为镍品位 6.47%，镍回收率 86.75%，钴品位 0.224%，钴回收率 65.37%。

鲁逢霖等人[25]通过对镍渣直接还原磁选提铁进行了研究，通过对温度、碱度以及碳氧比等参数进行考察，得到了较好的效果。磁选分离后，铁的质量分数和回收率分别为 74.01% 和 89.80%，说明镍渣通过直接还原磁选的方式提取铁资源在工艺上是可行的。

3.3　湿法回收有价金属

传统的有色冶炼废渣处理方法主要有填埋、堆置储存和做建筑材料、再选、焙烧和湿法浸提等技术，其中湿法工艺可回收复杂物料中的多种金属，具有回收率高，环境友好等优点，因此受到广泛关注。湿法冶金是利用浸出剂将矿石、精矿、焙砂及其他物料中有价金属组分溶解在溶液中或以新的固相析出，进行金属的分离、富集和提取的科学和技术。由于这种冶金过程大都是在水溶液中进行，故又称水法冶金。本节主要介绍湿法冶金的原理、发展、过程，并介绍几种湿法回收铬渣、镍渣的方法。

3.3.1　湿法冶金发展历程

湿法冶金是利用溶剂的化学作用，在溶液中进行氧化、还原、中和、水解、置换与配位等反应，对不同原料、中间产物或二次再生资源中的有价金属进行分离、富集和提取的冶金过程[26]。

湿法冶金的历史可以追溯到公元 200 年前的西汉时期，当时已用胆矾法提取铜，但发展缓慢，直到 1881 年才开始进行湿法炼锌的半工业性试验。第一次世界大战中，第一个湿法炼锌工厂正式投入生产，从此湿法冶金得到了较快的发展。19 世纪 90 年代，奥地利化学家 K. J. Bayer 在研究从铝土矿提取纺织工业所需要的氧化铝时，完成了在氢氧化钠溶液中加入氢氧化铝作为种子使铝酸钠溶液分解，以及用氢氧化钠溶液直接溶出铝土矿中的氧化铝生成铝酸钠溶液的两项发明，奠定了拜耳法生产氧化铝的基础，并在工业生产上一直沿用到今天。20 世纪 40 年代初，西方一些国家开始进行用湿法冶金方法提取铀的研究工作，第二次世界大战对铀的需求加速了湿法提铀的工业发展。到了 20 世纪 50 年代，随着核能用于发电，所需铀量的增加，溶剂萃取法与离子交换法在湿法提取铀中得到了工业应用。在 20 世纪 60 年代，湿法炼锌相继发展了热酸浸出-铁矾法、热酸浸出-针铁矿法、热酸浸出-赤铁矿法，使湿法炼锌产出的锌占世界总产锌量的 80% 以上。在锌的冶炼中，湿法炼锌占据了主要地位。现代有色金属工业生产的工艺流程还开发出湿法-火法联合流程。

随着矿石品位的不断降低和对环境保护的要求日趋严格，湿法冶金在有色金属、稀有金属及贵金属的冶炼过程中占有重要地位，湿法冶金的应用领域不断扩大，如图 3-4 所示。湿法冶金被广泛应用于有色金属回收中[27]。

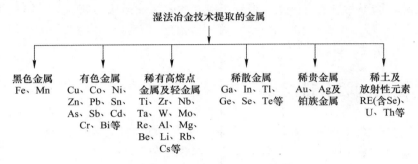

图 3-4 湿法冶金技术用于提取金属

3.3.2 湿法冶金过程

湿法冶金主要包括原料的预处理、浸出、固液分离、溶液净化富集及分离、溶液中金属或化合物提取及废水处理等单元操作过程。

3.3.2.1 原料预处理

原料的预处理包括矿石的破碎、筛分、磨矿、分级等，有些需进行富集与分离预处理，而有些则要进行焙烧预处理，才适宜后续的湿法冶金提取。师亚茹等人[28]以电镀铬渣为原料，经高温氧化焙烧后进行铬的水浸出工艺实验。研究结果表明，在液固比 6∶1 L/g、浸出温度 80 ℃、浸出时间 2 h、转速 300 r/min 条件下，铬浸出率可达 93.94%。王宝全等人[29]对碳酸钠焙烧后的褐铁矿型红土镍矿碱浸渣采用常压硫酸浸出，镍、钴和铁的浸出率分别达 99.2%、99.5%、97.8%。

3.3.2.2 浸出

浸出过程是选择适当的溶剂，使矿石、精矿或冶炼中间产品的有价成分或有害杂质选择性溶解，转入溶液，达到有价成分与有害杂质或与脉石分离的目的[30]。有色冶金废渣中通常都含有一系列的矿物组成，成分十分复杂，有价矿物常呈氧化物、硫化物、碳酸盐、硫酸盐、砷化物、磷酸盐等化合物存在，必须根据原料的特点选用适当的溶剂和浸出方法。

浸出方法分类标准多样化[31]。按浸出原料，浸出方法一般分为金属浸出、氧化物浸出、硫化物浸出和其他盐类浸出。按浸出温度和压力条件，浸出方法可分为高温高压浸出和常温常压浸出。浸出方式取决于原料的物理状态。如果是粗粒可进行渗滤浸出和堆浸；在大多数情况下原料是粉状，必须进行搅拌浸出，浸出可采用机械搅拌或空气搅拌。按浸出剂特点，浸出方法可分为水浸出、酸浸出、碱浸出、盐浸出、氯化浸出、氧化浸出、还原浸出、细菌浸出等。浸出剂的选择取决于下列因素：

(1) 能选择性地迅速溶解原料中的有价成分，不与原料中的脉石、杂质发生作用；

(2) 价格低廉，能大量获得；

(3) 没有危险，便于利用；

(4) 能够再次使用。

A 酸性浸出

酸性浸出是用酸作溶剂浸出有价金属的方法。常用的酸有无机酸和有机酸，工业上采用硫酸、盐酸、硝酸、亚硫酸、氢氟酸和王水等。硫酸的沸点高，来源广，价格低，腐蚀性较弱，是使用最广泛的酸浸出剂，常用于氧化铜矿的浸出、锌焙砂浸出、镍锍和硫化锌精矿的氧压浸出等。盐酸的反应能力强，能浸出多种金属、金属氧化物和某些硫化物，如用来浸出镍锍、钴渣等，但盐酸及生成的氯化物腐蚀性较强，设备防腐要求较高。硝酸是强氧化剂，价格高，且反应析出有毒的氮氧化物，只在少数特殊情况下才使用。

对于 Ni、Cu、Co 等含量较高的镍渣。其有价金属的提取方法是先酸浸，一次提取镍渣中的 Ni、Cu、Co 等，然后结晶脱水，再通过加入碳酸钠实现铜、镍和钴的分离。在分别加入硫酸，除杂过滤之后，结晶脱水，最终得到成品硫酸镍、硫酸铜和硫酸钴。整个工艺流程较简单，所用设备较少[32]。

Gbor 等人[33]采用二氧化硫溶液处理镍渣浸出镍和钴，在反应时间 3 h 的条件下，钴和镍的最大浸出率达到 77% 和 35%。Van Schalkwyk 等人[34]对转炉低铁镍铜渣进行了浸出实验，在通氧条件下，实现了镍和铜的固液分离。朱丽芳等人[35]对铁品位 48.60%、铜品位 2.89% 的镍渣进行硫酸浸出分离，在温度为 95 ℃，硫酸体积分数为 7 %，液固比为 6∶1，搅拌浸出时间为 40 min 的条件下，铜、镍浸出率分别为 88.30%、86.19%。肖景波等人[36]用硫酸分解镍渣，通过优化工艺条件使镍渣中的镁、铁分解率分别达到 95.3% 和 83.1%，用氢氧化钠处理酸解渣，制取高分散性白炭黑的质量分数达 96%，且吸油率为 3.0~3.5 mL/g，比表面积为 250~340 m²/g，具有高分散性产物的特点；用酸解液制备高纯氧化铁和镍精矿，其中高纯氧化铁 α-F_2O_3 纯度达到 99.82%，镍沉淀物中镍的质量分数达到 28.97%；最终对溶液进一步净化处理后提取氢氧化镁，粒径平均尺寸在 2.5 μm 以下，纯度达到 99.6%，取得了明显的经济效益和社会效益，其工艺流程如图 3-5 所示。

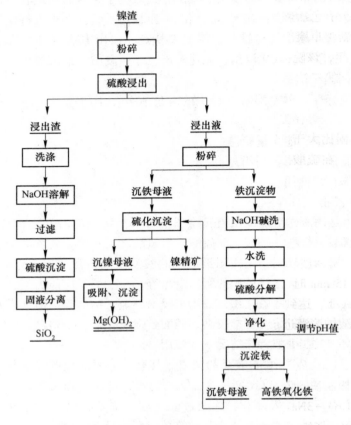

图 3-5　镍渣综合利用回收有价金属工艺流程

J. M. Tinjum 等人[37]的试验研究表明，铬渣中 Cr 的浸取受 pH 值的变化影响显著，中和铬渣的强碱性至中性将耗费大量的酸液。对比硫酸和硝酸两种浸取剂，发现硫酸表现出更好的浸取效果，其达到浸取平衡时所用的酸量更少，时间更短，尤其使用硫酸浸取得到 Cr^{6+} 的量将近是使用硝酸所得的两倍，同时，浸出的 Cr^{6+} 浓度在 pH 值为 7.6~8.1 这个很窄的范围内达到最大。宋玄等人[38]采用硫酸-硫酸亚铁法在酸性条件下对某铬盐厂某批次铬渣进行解毒试验，并通过研究固液比、酸浸时间、硫酸投加量、硫酸亚铁投加量、还原时间、熟石灰消耗量、熟化时间等因素，确定解毒工艺参数。试验结果表明，硫酸-硫酸亚铁法在酸性条件下能够对含铬污染物成功解毒。其工艺参数最终确定为固液比为 1∶10；

硫酸（98%）用量为 263.00 kg/t；酸浸时间为 120 min；$FeSO_4 \cdot 7H_2O$ 投加量为 6.00 kg/t；还原时间为 30 min；熟石灰投加量为 35.00 kg/t，熟化时间为 4 h。

随着湿法冶金技术的发展，加压酸浸技术得到广泛研究和产业化应用，这一技术的发展为有色冶炼渣的处理提供了新的思路。北京矿冶研究总院于 1993 年开发建成的新疆阜康冶炼厂投产，这是我国第一个采用加压酸浸法处理高镍硫的工厂。2000 年，该院提出低铜高镍硫的"一步加压浸出"新工艺，应用于金川有色集团公司第二冶炼厂。加压酸浸法的应用也适用于处理难选有色金属冶炼渣。何绪文等人[39]对镍渣酸性浸出特性进行研究，结果表明，镍渣中的重金属元素铬、铜、锌等在强酸性条件下浸出浓度增加，液固比小于 40 L/kg 时重金属溶出，液固比大于 40 L/kg 后，浸出达到饱和。王明双等人[40]采用硫酸加压酸浸工艺，在硫酸浓度为 160 g/L、温度为 130 ℃的条件下，镍浸出率达到 97%。

B 其他浸出方法

除酸浸外，其他浸出方法也被相继发明并应用。周秋生等人[41]研究了采用碳酸钠溶液堆浸-硫酸亚铁还原联合解毒铬渣。结果表明，在循环处理 12 次后。铬渣中 Cr^{6+} 浸出率达 85% 以上，最终解毒渣中残留 Cr^{6+} 主要存在于水滑石中。当粒度小于 0.15 mm 时，最终解毒铬的毒性浸出液中 Cr^{6+} 和总 Cr 浓度分别为 1.98 g/L 和 2.45 g/L，达到一般工业固体废物填埋的标准。

利用碳酸钠溶液进行湿式还原法处理铬渣时，将经过湿磨后的铬渣用碳酸钠溶液处理，使其中的酸溶性铬酸钙与铬铝酸钙转化为水溶性铬酸钠而被溶出，回收铬酸钠产品；余渣再用硫化钠处理，使剩余的 Cr^{6+} 转化为 Cr^{3+}。加入硫酸中和，并用硫酸亚铁固定过量的 S，相应化学反应方程式为：

$$8Na_2CrO_4+3Na_2S+(8+4x)H_2O == 4(Cr_2O_3 \cdot xH_2O)+3Na_2SO_4+16NaOH$$
$$8Na_2CrO_4+6Na_2S+(11+4x)H_2O == 4(Cr_2O \cdot xH_2O)+3Na_2S_2O_3+22NaOH$$
$$Na_2S+FeSO_4 == FeS+Na_2SO_4$$

微生物浸出是目前正积极开发的铬渣解毒技术之一。硫酸盐还原菌的厌氧菌是目前被用得较多的解毒细菌，可将 SO_4^{2-} 还原成 H_2S，H_2S 再将六价铬还原成三价铬。汪频等人[42]用硫酸盐还原菌进行除铬试验，发现该菌最适宜生长温度为 30 ℃，最适 pH 值为 7，耐受 Cr^{6+} 最高浓度 10×10^{-3} mol/L，还原 Cr^{6+} 最适量 4×10^{-3} mol/L，对铬的去除率可达 99.8%。张建民等人[43]采用生物技术从电镀淤泥中分离出高效还原杆菌——脱硫弧菌，并研究了菌量、Cr^{6+} 浓度、pH 值、温度、时间等因素对还原杆菌去除溶液中的 Cr^{6+} 效率的影响，结果表明在菌废比为 1:1.4，温度控制为 20~35 ℃，pH 值为 5~7，最佳作用时间为 16~20 h，Cr^{6+} 浓度为 75 mg/L 条件下，Cr^{6+} 去除率可达 99.9%。李维宏等人[44]从山西某铬渣堆场土壤中分离得到一株能还原 Cr^{6+} 的霍氏肠杆菌。该菌在高 Cr^{6+} 浓度下可表现出良好的还原能力，最佳反应条件为 pH = 8，温度为 30 ℃。在 Cr^{6+} 初始浓度为 50 mg/L、100 mg/L、200 mg/L、400 mg/L、800 mg/L 时，其对 Cr^{6+} 的还原效率分别为 99.3%、94.2%、85.6%、82.1%、58.2%。微生物法回收铬成本低、回收率高，有广阔的应用前景，但如何分离、培养、驯化获得适应极端处理环境的专性优势菌种仍是研究的重点。可以通过结合其他处理技术（如表面改性技术、纳米技术等）改进微生物法[45]。

3.3.2.3　固液分离

固液分离是将浸取液与浸取渣进行分离，包括多级逆流洗涤、浓缩、脱水、过滤或离心分离等作业。为使沉渣夹带的有价金属溶液和溶剂尽可能少，往往要求浸出或净化时形成易于过滤的沉渣，并且需要经多次逆流洗涤。液固分离对工艺技术影响很大，不但影响有价金属的收率，而且还决定工艺过程能否进行。例如，在湿法炼锌中，有很高浸出率的热酸浸出法由于铁渣过滤困难，长时间不能工业化，直到能使铁生成黄钾铁矾和针铁矿的易过滤的铁渣，才得到应用。又如，堆浸或渗滤浸出能巧妙地将浸出和液固分离结合的过程，为合理处理低品位矿物原料创造了有利条件[46]。

3.3.2.4　溶液净化富集及分离

溶液净化、富集方法有化学沉淀、水解、置换等过程，分离技术有溶剂萃取、离子交换、膜分离技术等。杨丽梅等人[47]采用摇瓶法，考察了溶液中金属离子 Ni^{2+}、Fe^{2+}、Fe^{3+} 浓度与氨基膦酸型螯合树脂 D412 相中金属离子吸附量的关系，结果表明，随着金属离子初始浓度的增大，平衡吸附量也在增大，树脂对 Fe^{3+} 的吸附量明显大于对 Ni^{2+} 和 Fe^{2+} 的吸附量。以双曲线型（Langmuir）吸附平衡模型对试验数据进行拟合，线性回归参数 $R_2 > 0.9$。吸附与解吸过程的试验数据表明，氨基膦酸型螯合树脂用于镍矿浸出液分离提纯初步可行。姜承志[48]以 NaOH 作为内水相沉淀剂、Span80 为表面活性剂、磷酸三丁酯（TBP）为流动载体、液体石蜡为膜增强剂、煤油为膜溶剂，采用乳状液膜技术提取溶液中的镍，其对镍的提取效果可达 80% 以上。在沉淀工艺方面，徐彦宾等人[49]用硫化钠做沉淀剂，常温常压下，从氧化镍矿的酸浸液中沉淀富集 Ni、Cu、Co，研究了影响回收率及富集效果的诸多因素，如沉淀剂加入量、沉淀温度、沉淀的酸度。在合适条件下，Ni、Cu、Co 回收率均大于 99%，富集效果明显。在此基础上，徐彦宾等人进行扩大量试验，得到相近结果，并用选择比定量表征了 Ni、Cu、Co 相对于 Fe、Al、Mg、Mn、Pb、Zn 等金属的富集效果。齐建云[50]对某进口红土镍矿进行研究，用硫酸在常压下浸出，镍浸出率可达 78.62%，用硫化钠溶液从浸出液中沉淀镍，所得硫化镍产品中镍品位达 20%。

3.3.2.5 金属提取及废水处理

从溶液中提取金属或化合物常用的方法有电解法、化学置换法、加压氢还原法等，通常涉及有关新相生成与长大的多相反应过程，例如用高压氢从硫酸盐溶液中还原沉积镍（见2.4节）等。但对于大规模的湿法冶金生产来说，当前主要是采用电解沉积法。

浸取渣与废液的处置包括固体浸取渣的妥善处置与堆放，以及废液的无害化处理与排放等。

3.3.3 湿法冶金优缺点

湿法冶金在复杂、低品位矿石资源的开发与利用、有价金属的综合回收与再生以及对环境友好的冶炼过程等方面有较大优越性[46]。

（1）能直接处理低品位的物料，包括低品位的原生硫化矿或者氧化矿；也可以处理某些表外矿或过去废弃的尾矿以及进行一些低含量的二次再生金属资源的回收等。

（2）能处理成分复杂的物料。这主要基于一些湿法的溶液净化与分离新技术的发展和进一步完善。

（3）可提高资源的综合利用率。在提取主金属的同时，用湿法综合回收一些伴生的稀散金属或贵金属，有时经济效益甚至超过被提取的主金属。

（4）能减少火法冶金过程排放的含 SO_2 烟气对环境的污染，比较容易实现清洁生产。

湿法冶金也存在一定弊端，如湿法冶金的工艺流程相对较长、单位生产能力相对较低、设备比较庞大、有时能耗相对较高以及有废液和废渣的处置等。湿法冶金工作者也正致力于通过不同手段与工艺设计不断完善与提高湿法冶金过程，主要发展方向如下[46]。

（1）提高金属的回收率。在处理低品位矿物原料时，将湿法冶金技术与选矿等技术结合，可显著提高金属回收率并降低生产成本。

（2）发展各种强化浸出过程的技术。矿物原料在常压、低温下浸出速度较慢，导致设备庞大、投资费用高，因而有必要研究发展各种强化浸出过程的技术。

（3）有效运用一些分离技术。为充分发挥湿法冶金所具有的容易实现原料综合利用的优势，有必要进一步研究诸如溶剂萃取、离子交换、絮凝、吸附和膜分离等分离技术在湿法冶金中的有效运用。

（4）开发电解沉积过程的节能新技术。湿法冶金与水溶液电冶金关系密切，为降低水溶液电解沉积过程的电耗从而降低湿法冶金的生产成本，需开发电解沉积过程节能的新技术。

3.4 火法回收有价金属

火法冶金是在高温条件下从冶金原料提取或精炼有色金属的科学和技术，为温度在 700 K 以上的有色金属冶金作业的总称。火法冶金是在高温条件下（利用燃料燃烧或电能产生的热或某种化学反应所放出的热），原料经过一系列物理化学变化过程，其中的金属与脉石或其他杂质分离，从而得到金属的冶金方法[51]。目前，随着有价金属回收的发展，火法冶金处于相对的弱势地位，因为火法冶金消耗的能源比较多，所以其在回收技术中处于发展缓慢的状态[46]。但由于某些金属的湿法冶金仍在试验阶段，故火法冶金在某些金属冶炼中仍处重要地位。

3.4.1 火法冶金的化学反应

火法冶金是目前提取纯金属最古老、最常用的方法。火法冶金过程发生的高温化学反应很复杂，主要反应类型有：气-固两相间反应，如硫化精矿焙烧；气-液（熔体）两相间反应，如粗金属氧化精炼和氯化精炼；固-液（熔体）两相间反应，如粗铅加硫除铜精炼；固-固相间反应，在高温冶金过程中，这类反应较少发生，如固体碳还原固体金属氧化物；液-液两熔体相以上，如金属-锍-炉渣之间反应；气-液-固三相间反应，如硫化精矿直接熔炼；单一固相热分解反应，如 $Al(OH)_3$ 和石灰石煅烧。为维持有色金属火法冶金过程中所需的温度，需进行火法冶金过程物料平衡的计算，通过各种途径供热以达到火法冶金热平衡。有色金属火法冶金的每一个过程都很复杂，由于在高温下进行的反应容易达到平衡，加之原料化学成分及矿相组成变化大，因此反应过程机理是很难进行研究，生产中的问题大都求助于热力学原理来解决[52]。

3.4.2 火法冶金过程

有色金属火法冶金一般包括炉料准备、熔炼吹炼和精炼三大过程。对于不同的金属，其火法冶金由不同的几个冶金过程组成。重有色金属的提取多采用火法冶金，对某些金属的冶炼，往往火法冶金和湿法冶金联合使用。

3.4.2.1 炉料准备

炉料准备是将精矿或矿石、熔剂和烟尘等按冶炼要求配制成具有一定化学组成和物理性质的过程，一般包括储存、配料、混合、干燥、制粒、制团、焙烧和煅烧等。除焙烧和煅烧使炉料发生化学变化外，其他过程一般只发生物理变化。

炉料物理状态、化学成分、含水量及数量，不一定能满足冶炼工艺的要求，为保证正常生产，需要储存足够的原料和熔剂。原料来源不同，需按一定比例混合成化学成分和物理性质比较一致的原料使用。干燥是脱去物料中游离水的过程, 常用的干燥方法有圆筒干燥法和气流干燥法。制团是将松散粉状炉料在加或不加胶粘剂的情况下压制成有一定几何形状团块的过程。氧化物常比硫化物更易于还原, 金属的硫酸盐、氯化物或氧化物更易从原料中浸出, 因而常要通过焙烧与煅烧的化学方法, 将原料中的矿物转变成所需要的形式。

焙烧是指在低于物料熔化温度下完成的某种化学反应的过程, 其目的大多为下步的熔炼或浸出等主要冶炼作业做准备[52]。焙烧大致可以分为氧化焙烧、盐化焙烧、还原焙烧、硫酸化焙烧、烧结焙烧, 氧化焙烧设备有回转窑、多膛焙烧炉、流态化焙烧炉等。目前, 镍渣、铬渣中有色金属的回收多用焙烧-湿法回收联用。

范增等人[53]研究了采用回转短窑对硫铁矿烧渣进行焙烧以回收有价金属的方法, 考察了不同的工艺条件对硫铁矿烧渣焙烧的影响。研究结果表明, 在还原温度为1250 ℃、还原时间为60 min 条件下, 硫铁矿烧渣得到充分的还原, 金、银、铜、铅、锌的挥发率中试分别达到93.26%、82.20%、82.55%、88.53%和83.48%。王省林等人[54]对金川镍渣配入红土矿进行烧结杯试验, 试验结果发现, 在焦粉配比为8%左右、混合料水分为3.5%~4.5%时, 所得烧结矿产量和质量指标良好。李金辉等人[55]采用活化焙烧强化盐酸浸出方法处理云南元江红土镍矿, 通过焙烧 (最佳焙烧温度为300 ℃), 可以在较低酸度、较短时间以及较低的反应温度下获得与在其他相对苛刻的浸出条件下相同的镍浸出率, 并且在一定程度上抑制了铁的浸出, 对后续的净化富集工序有利。Altundoğan 等人[56]采用硫酸化焙烧处理镍铜转炉渣, 在焙烧温度为500 ℃、焙烧时间为120 min 的条件下, 铜、钴、镍的回收率分别为93%、38%、13%。

郑敏等人[57]以 $CaCl_2$ 为氯化剂、碳粉为还原剂, 将细磨后的铬渣、碳粉和 $CaCl_2$ 以质量比为10:2:4混合均匀, 在1200 ℃下焙烧50 min 后, 将烧渣转移至浸取槽中先后用水和10%的盐酸浸取, 铬渣中的铬以 $CrCl_3$ 的形式被回收, 铬的回收率达91.2%, 每吨铬渣可回收约0.033 t 的 $CrCl_3$。殷兆迁等人[58]发明了一种通过将铬渣进行钠化球团焙烧来实施提铬的方法, 该方法工艺简单易用、适应范围广、成本低。李小斌等人[59]采用低温焙烧法对皮革污泥的热分解特性和铬渣中六价铬的还原规律进行试验研究。研究结果表明: 在大于400 ℃的焙烧温度下, 皮革污泥分解产生的 CO、烷烃等还原性气体可将铬渣中的 Cr^{6+} 还原; 在焙烧温度大于500 ℃, 铬渣与皮革污泥质量比也不大于30 的条件下, 焙烧处理渣中 Cr^{6+} 的含量小于35 mg/kg, 其毒性浸出试验浸出液中 Cr^{6+} 和总铬质量浓度分别小于0.3 mg/L 和0.5 mg/L, 符合解毒铬渣直接用于生产水泥、砖块等建筑材料的要求。向鹏等人[60]以云南某公司的电镀铬渣为原料, 研究了铬渣碱性焙烧的最佳工艺条件, 实现了铬渣的解毒和资源化利用, 得到碱性焙烧阶段优化工艺条件为: 焙烧温度600 ℃, 不添加氢氧化钠, m(碳酸钠):m(铬渣)=2:5, m(硝酸钠）：m（铬渣）= 3：5，焙烧时间为 2.5 h。在该工艺条件下铬的浸出率可达 91.38%。

3.4.2.2 熔炼吹炼

熔炼是指炉料在高温（1300~1600 K）炉内发生一定的物理、化学变化，产出粗金属或金属富集物和炉渣的冶金过程。炉料除精矿、焙砂、烧结矿等外，有时还需添加使炉料易于熔融的熔剂，以及为促进某种反应发生的还原剂。此外，为提供必要的温度，往往需加入燃料燃烧，并送入空气或富氧空气。粗金属或金属富集物由于与熔融炉渣互溶度很小以及存在密度差异而分层得以分离。富集物有锍、黄渣等，它们尚需进一步吹炼或用其他方法处理才能得到金属。熔炼实质上可以分为氧化熔炼和还原熔炼。此外还有其他的熔炼方法，如还原硫化熔炼、挥发熔炼、沉淀和反应熔炼，由于种种原因这些熔炼方法已不多用。

A 氧化熔炼

氧化熔炼是以氧化反应为主的熔炼过程，如硫化铜、镍矿物原料的造锍熔炼、锍的吹炼、硫化锑精矿鼓风炉熔炼等。氧化熔炼是一个富集和分离过程，如铜、镍硫化精矿，在熔炼时将 Cu、Ni 富集到锍中，同时被氧化后与杂质金属（如 Fe）及脉石一道造渣除去而分离。熔炼按所用设备分为鼓风炉熔炼、反射炉熔炼、电炉熔炼；按工艺特征分为闪速熔炼、熔池熔炼、旋涡熔炼、富氧熔炼、热风熔炼和自热熔炼等。

B 还原熔炼

还原熔炼是指金属氧化物料在高温熔炼炉还原气氛下被还原成熔体金属的熔炼方法。固相还原法常用的还原剂有木屑、煤、炭粉、煤杆石、秸秆等。此方法的优点是处理流程简便，还原剂便宜易得，经济效益好；缺点是还原不彻底，六价铬含量可能会回升。国内外在固相还原法方面做了大量的研究，如我国沈阳新城化工厂将硫黄与含水铬渣混合，在 300 ℃条件下将六价铬还原；我国大连理工大学将煤炭与铬渣催化气化，利用煤炭气化生成 CO、CH_4 和 H_2，在高温条件下将 Cr^{6+} 还原；日本科研人员将铬渣与活性炭和铅末混合在 400~1000 ℃下还原焙烧，处理后 Cr^{6+} 含量大幅减少[60]。张大磊等人[61]利用秸秆与铬渣共热解有效地将铬渣中的 Cr^{6+} 还原为 Cr^{3+}，并研究了共热解产物的成分和形态、pH 值影响及稳定性。研究结果表明：共热解温度对处理后的铬渣形态影响较大，碳酸盐结合态和可交换态铬含量随热解温度的升高而降低；pH 值对总铬的溶出量也有显著影响，pH≤7 时共热解产物总铬的溶出量明显增加，最大值超过 500 mg/kg，pH>7 时共热解产物总铬溶出量很低，均小于 6 mg/kg；共热解产物的 Cr^{6+} 自然堆存随着时间的推移而逐渐降低，计算机拟合出经过 100 年堆存后总铬溶出量不超过 1.3 mg/kg。稻秆铬渣共热解的原理是利用生物质在 300~500 ℃缺氧环境下释放出大量的一氧化碳、氨气、烷烃等还原性气体，这些气体将 Cr^{6+} 还原为 Cr^{3+}。

倪文等人[62]采用熔融还原法对金川镍渣进行提铁试验，在配入还原剂焦粉，CaO 相对镍渣加入量 34.7%，CaF_2 相对镍渣加入量 24.04%，还原温度为 1500 ℃和还原时间为 180 min 的工艺条件下，实现了较好的渣铁分离，铁还原率为96.32%。鲁逢霖等人[25]通过实验对用镍渣和煤粉制备的含碳球团的直接还原和磁选进行了研究，结果表明碳氧比为 1.2，碱度为 0.5 的镍渣含碳球团，在 1300 ℃下直接还原 20 min 后可以获得 98.34% 的金属化率。卢学峰等人[63]以镍渣为主要原料，加入生石灰为辅料，利用焦粉和木炭作为还原剂，在直流电弧炉中进行冶炼，制备回收硅钙合金和硅铁合金。王树清等人[64]通过对金川镍闪速炉渣进行电弧炉熔化—还原提铁、镍、钴和铜等有价金属的试验研究，将含水量小于3% 的闪速炉渣加入电弧炉内，控制一定的工艺条件，使两次渣中铁的质量分数小于 5%，铁的回收率大于 90%，镍、钴和铜的回收率大于 95%，达到了较好的效果。其工艺流程如图 3-6 所示。

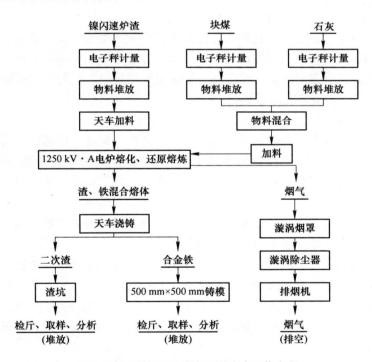

图 3-6　金川镍渣电弧炉还原试验工艺流程

在高温条件下碳质还原剂与金属氧化物发生的主要反应有：

$$MeO+C \Longrightarrow Me+CO$$

$$MeO+CO \Longrightarrow Me+CO_2$$

$$CO_2+C \Longrightarrow 2CO$$

由于 MeO 和 C 的反应为固相接触，受接触面的限制，反应不可能很好地进行，CO 气体还原剂对金属氧化物的还原起主要作用。为此必须加过量还原剂，以保证 MeO 和 CO 反应产生的 CO_2 在高温下被过剩碳还原为 CO，这样不断地循环着为氧化物还原提供足够的气体还原剂。

国外运用气相还原法比较常见，气相还原法常用可燃性气体作为还原剂，如 CO、H_2、CH_4 等。此方法优点是耗能低、工艺流程简单化及处理过后的铬渣稳定性好，缺点是过量的还原性气体需要特别处理。日本某公司在 600 ℃ 高温条件下，将一氧化碳通入铬渣中，使 Cr^{6+} 被还原为 Cr_2O_3。郑敏[65]利用黄磷尾气（主要成分是一氧化碳，尾气未洗之前一氧化碳占 88%～90%，洗气之后一氧化碳约占 92%，其余成分为氮、氧、水、氢、二氧化碳等，占 6%～8%）对铬渣进行还原解毒，研究了还原温度、停留时间、铬渣粒径、冷却温度对解毒效果的影响。该方法是以废治废方法的一个典型，能有效地对铬渣进行解毒，降低固、气废物对环境的危害，具有很好的应用研究前景。

冶炼物料中除主金属氧化物外往往还含有多种次要的金属氧化物，这些次要金属氧化物在还原熔炼过程中也还原成金属，并且熔于主金属中，所以还原熔炼得到的金属是含有多种杂质的粗金属，如鼓风炉熔炼铅、反射炉熔炼锡、铋和锑等，为得到纯金属还需进一步精炼。

3.4.2.3 精炼

精炼是粗金属去除杂质的提纯过程，对于高熔点金属，精炼还具有致密化作用。精炼分为化学精炼和物理精炼两大类。化学精炼分为氧化精炼、硫化精炼、氯化精炼、碱性精炼等。物理精炼包括精馏精炼、真空精炼、熔析精炼等。

A 化学精炼

氧化精炼效果及除杂限度不仅与主金属和杂质元素的氧化物标准生成自由能变化有关，而且还取决于杂质和氧化物的活度。

是否采用硫化精炼取决于主金属和杂质金属对硫的亲和力，粗铅、粗锡和粗锑加硫除铜、铁是硫化精炼的典型例子。

氯化精炼以氯对杂质的亲和力大于主金属，并且生成的氯化物不溶或少溶于主金属为前提条件，其在粗铅除锌，粗铝除钠、钙、氢，粗铋除锌，粗锡除铅等方面都有广泛应用。

碱性精炼实质是氧或其他氧化剂（如 $NaNO_3$）使杂质氧化，与加入的碱金属或碱土金属化合物溶剂反应，生成更为稳定的盐（渣）加速反应的进行，并使反应进行更加完全。碱性精炼用于粗铜除镍，粗铅除砷、锑、锡，粗锑除砷等。

B 物理精炼

精馏精炼利用物质沸点的不同，交替进行多次蒸发和冷凝去除杂质，它包括蒸馏和分凝回流两个过程，适用于相互溶解或部分溶解的金属液体，不适用于两种具恒沸点的金属熔体。在有色金属冶金中，精馏成功地用于粗锌的精炼之一。真空精炼在低于或远低于常压下脱除粗金属中杂质，主要包括真空蒸馏（升华）和真空脱气。

真空精炼既可防止金属与空气中氧氮反应以及避免气体杂质的污染，又能在许多精炼过程创造有利于金属和杂质分离的热力学和动力学条件。

熔析精炼利用杂质或其化合物在主金属中的溶解度变化的性质，通过改变精炼温度将其脱除。熔析精炼利用熔化-结晶相变规律，即利用均匀二元系或多元系液体，在相变温度下开始凝固时，会变成两个或几个组成不同的平衡共存相，杂质将富集在其中的某些固相或液相中，从而达到金属提纯的目的。

参 考 文 献

[1] 边炳鑫，张鸿波，赵由才. 固体废物预处理与分选技术 [M]. 化学工业出版社，2005.
[2] 李启衡. 破碎与磨矿 [M]. 北京：冶金工业出版社，1984.
[3] 彭长琪. 固体废物处理工程 [M]. 武汉：武汉理工大学出版社，2004.
[4] 肖庆飞，罗春梅. 碎矿与磨矿技术问答 [M]. 北京：冶金工业出版社，2010.
[5] 陈自江. 镍冶金技术问答 [M]. 长沙：中南大学出版社，2013.
[6] 张泾生. 现代选矿技术手册 第1册 破碎筛分与磨矿分级 [M]. 北京：冶金工业出版社，2016.
[7] 石光，申占民，王庆利. 一种镍渣粉磨系统：中国，CN203874873U [P]. 2014-05-14.
[8] 孙秀云. 固体废物处理处置 [M]. 北京：北京航空航天大学出版社，2015.
[9] 葛银光，胡庆. 重力分选方法的发展历程和趋势 [J]. 中国科技成果，2012（16）：63-66.
[10] 曾安，周源，余新阳，等. 重力选矿的研究现状与思考 [J]. 中国钨业，2015（4）：42-47.
[11] 魏德洲. 矿物物理分选 [M]. 长沙：中南大学出版社，2011.
[12] 龚明光. 浮选技术问答 [M]. 北京：冶金工业出版社，2012.
[13] 朱一民，周菁. 浮选药剂手册 [M]. 长沙：湖南科学技术出版社，2012.
[14] 周源. 选矿技术入门 [M]. 北京：化学工业出版社，2009.
[15] 胡义明，皇甫明柱，徐宏祥. 一种低品位铬矿石选矿新工艺研究 [C] //中国工程院化工、冶金与材料工程学部学术会议，2012.
[16] 王晨亮，邹坚坚，胡真，等. 云南某低品位铬铁矿石选矿工艺研究 [J]. 金属矿山，2016，45（2）：72-76.
[17] 吕晋芳. 低品位含铜紫硫镍矿浮选试验研究 [D]. 昆明：昆明理工大学，2011.
[18] 周怡玫. 从反射炉镍渣中综合回收镍、铜的研究 [J]. 矿产综合利用，1998（6）：4-9.
[19] 叶雪均，余瑞三. 铜镍硫化矿石直接浮选小型试验研究 [J]. 矿产综合利用，2004（2）：6-11.
[20] 刘广龙. 滑石-碳酸盐化硫化镍矿石浮选工艺研究 [J]. 中国矿山工程，2005，16（6）：

75-79.

[21] 刘志国. 矿石类型对红土镍矿直接还原-磁选的影响规律及机理 [D]. 北京：北京科技大学，2016.

[22] 彭朋，王爽，李克庆. 镍渣提铁的深度还原-磁选试验研究 [C] //尾矿与冶金渣综合利用技术研讨会暨衢州市项目招商对接会，2015.

[23] 倪文，贾岩，郑斐，等. 金川镍弃渣铁资源回收综合利用 [J]. 北京：北京科技大学学报，2010，32 (8)：975-980.

[24] 刘婉蓉. 低品位红土镍矿氯化离析-磁选工艺研究 [D]. 长沙：中南大学，2010.

[25] 鲁逢霖，郭玉华，张颖异，等. 镍渣直接还原磁选提铁试验 [J]. 钢铁，2014，49 (2)：19-23.

[26] 赵冬梅. 浅论湿法冶金与火法冶金工艺 [J]. 企业导报，2015 (22)：50-51.

[27] 马荣骏. 湿法冶金新发展 [J]. 湿法冶金，2007 (1)：1-12.

[28] 师亚茹，苏毅，向鹏，等. 氧化焙烧铬渣的浸出提铬工艺研究 [J]. 化工科技，2017，25 (1)：45-48.

[29] 王宝全，郭强，曲景奎，等. 褐铁型红土矿碱浸渣的常压酸浸工艺条件优化 [J]. 过程工程学报，2012，12 (3)：420-426.

[30] 赵金艳，王金生，郑骥. 有色金属冶炼废渣有价金属湿法回收技术及现状 [J]. 矿产综合利用，2012 (4)：7-12.

[31] 彭容秋. 重金属冶金学 [M]. 2 版. 长沙：中南大学出版社，2004.

[32] 刘清，招国栋，赵由才. 有色冶金废渣中有价金属回收的技术及现状 [J]. 有色冶金设计与研究，2007 (Z1)：22-26.

[33] Gbor P K, Ahmed I B, Jia C Q. Behaviour of Co and Ni during aqueous sulphur dioxide leaching of nickel smelter slag [J]. Hydrometallurgy, 2000, 57 (1)：13-22.

[34] Schalkwyk R F V, Eksteen J J, Akdogan G. Leaching of Ni-Cu-Fe-S converter matte at varying iron endpoints; mineralogical changes and behaviour of Ir, Rh and Ru [J]. Hydrometallurgy, 2013, 136 (4)：36-45.

[35] 朱丽芳. 含铜镍浸出渣中铁、铜、镍的分离回收研究 [D]. 西安：西安建筑科技大学，2013.

[36] 肖景波，夏娇彬，陈居玲. 从炼镍废渣中综合回收有价金属 [J]. 湿法冶金，2014 (2)：124-127.

[37] Tinjum J M, Benson C H, Edil T B. Mobilization of Cr (Ⅵ) from chromite ore processing residue through acid treatment [J]. Science of the Total Environment, 2008, 391 (1)：13-25.

[38] 宋玄. 含铬污染物湿法解毒研究 [D]. 太原：中北大学，2014.

[39] 何绪文，石靖靖，李静，等. 镍渣的重金属浸出特性 [J]. 环境工程学报，2014，8 (8)：3385-3389.

[40] 王明双，魏昶，樊刚，等. 黑色页岩富镍渣加压酸浸过程中镍的浸出行为 [J]. 矿冶，2013，22 (2)：55-58.

[41] 周秋生，屈学理，刘桂华，等. 碳酸钠溶液堆浸-硫酸亚铁还原联合解毒铬渣 [J]. 有

色金属（冶炼部分），2011（11）：12-16.

[42] 汪频，李福德，刘大江．硫酸盐还原菌还原铬（Ⅵ）的研究 [J]．环境科学，1993，14（6）：1-4.

[43] 张建民，宋庆文，朱宝瑜，等．生物法处理电镀铬废水的研究 [J]．西安工程大学学报，1999，13（4）：421-424.

[44] 李维宏，杨宁，魏晓峰，等．一株 Cr(Ⅵ) 还原菌的筛选鉴定及其还原特性研究 [J]．农业环境科学学报，2015，34（11）：2133-2139.

[45] 李陈君，雷国元．从铬渣中分离、回收铬的研究进展 [J]．矿产综合利用，2012（5）：3-6，10.

[46] 编委会．中国冶金百科全书 有色金属冶金 [M]．北京：冶金工业出版社．1999.

[47] 杨丽梅，李玲，黄松涛，等．氨基膦酸型螯合树脂对水溶液中 Ni^{2+}，Fe^{2+}，Fe^{3+} 吸附行为的研究 [J]．稀有金属，2009，33（3）：401-405.

[48] 姜承志，孙许可，李飞飞，等．NaOH 体系乳状液膜法提取镍的机理研究 [J]．功能材料，2015，46（B12）：68-72.

[49] 徐彦宾，谢燕婷，闫兰，等．硫化物沉淀法从氧化镍矿酸浸液中富集有价金属 [J]．有色金属（冶炼部分），2006（3）：8-10.

[50] 齐建云，马晶，朱军，等．某进口红土镍矿湿法冶金工艺试验研究 [J]．湿法冶金，2011，30（3）：214-217.

[51] 李国良．浅析有色冶金废渣中有价金属的回收 [J]．工程技术：文摘版，2016（8）：276.

[52] 华一新．有色冶金概论 [M]．北京：冶金工业出版社，2014.

[53] 范增．硫铁矿烧渣直接还原回收有价金属 [J]．有色矿冶，2015，31（5）：32-34.

[54] 王省林，叶文成．金川镍渣烧结试验探讨 [J]．物理测试，2014，32（5）：11-13.

[55] 李金辉，李新海，胡启阳，等．活化焙烧强化盐酸浸出红土矿的镍 [J]．中南大学学报（自然科学版），2010，41（5）：1691-1697.

[56] Altundoğan H S, Tümen F. Metal recovery from copper converter slag by roasting with ferric sulphate [J]. Hydrometallurgy, 1997, 44（1/2）：261-267.

[57] 郑敏，李先荣，孟艳艳，等．氯化焙烧法回收铬渣中的铬 [J]．化工环保，2010，30（3）：61-64.

[58] 殷兆迁，付自碧，李千文，等．一种通过将铬渣进行钠化球团焙烧来实施提铬的方法：中国，CN104745826A [P]．2015-04-01.

[59] 李小斌，齐天贵，周秋生，等．低温焙烧法综合处理铬渣和皮革污泥的研究 [J]．中南大学学报（自然科学版），2010，41（6）：2103-2108.

[60] 向鹏．铬渣中铬的提取性实验研究 [D]．昆明：昆明理工大学，2016.

[61] 张大磊，李依韩，彭亢晋，等．铬渣秸秆共热解产物铬稳定性研究 [J]．环境污染与防治，2013，35（7）：17-21.

[62] 倪文，马明生，王亚利，等．熔融还原法镍渣炼铁的热力学与动力学 [J]．北京科技大学学报，2009，31（2）：163-168.

[63] 卢学峰，南雪丽，郭鑫．利用镍渣冶炼回收硅钙合金的研究 [J]．矿产保护与利用，

2009（2）：55-58.

[64] 王树清，马晓东，马永峰．金川镍闪速炉渣还原提铁试验研究 [J]．中国有色冶金，2015，44（4）：18-22.

[65] 郑敏．铬渣及含铬废水中铬的富集与分离 [D]．绵阳：西南科技大学，2010.

4 微晶玻璃固化技术

微晶玻璃具有很多优异的性能，如机械强度高、热膨胀性可调、抗热震性好、耐化学腐蚀、低介电损耗、电绝缘性好、生物相容性良好等，已在建筑装饰[1-3]、电子工业[4-7]、生物医学等领域[8-10]得到广泛应用。我国对微晶玻璃材料的研制开发始于20世纪70年代中期，直到90年代初才初步形成工业化生产，现已成功研发出利用粉煤灰、煤矸石、各种尾矿、冶炼炉渣、黄河泥沙、废玻璃等为主要原料生产微晶玻璃关键技术[11-15]。这些技术实现了固废的绿色处置和高值利用，具有显著的经济效益和社会效益。

4.1 微晶玻璃的定义、特性与分类

4.1.1 微晶玻璃的定义

微晶玻璃又称微晶玉石或玻璃陶瓷，是将特定组成的基础玻璃，在加热过程中通过控制晶化而制得的一类含有大量微晶相及玻璃相的多晶固体材料[16-17]。它具有玻璃和陶瓷的双重特性。其中晶相是多晶结构，晶粒细小，比一般结晶材料要小得多，一般为 $0.1 \sim 0.5 \, \mu m$。玻璃相把数量巨大、粒度微细的晶体结合起来[18]。晶相量可以在 $0 \sim 90\%$ 内。微晶玻璃既不同于陶瓷，也不同于玻璃。

微晶玻璃与陶瓷的不同之处是：玻璃微晶化过程中的晶相是从单一均匀玻璃相或以产生相分离的区域，通过成核和晶体生长而产生的致密材料[19-21]；而陶瓷中的晶相，除了通过固相反应出现的重结晶或新晶相以外，大部分是在制备陶瓷时通过组分直接引入的。

微晶玻璃与玻璃的不同之处在于微晶玻璃是微晶体和残余玻璃组成的复合材料；而玻璃则是非晶态或无定形体。

微晶玻璃既具有玻璃的基本性能，又具有陶瓷的多晶特征，比陶瓷亮度高，比玻璃韧性强，集中了玻璃和陶瓷的特点，成为一类独特的新型材料。微晶玻璃晶相的析出和控制需要不同的玻璃热处理制度，这就使得微晶玻璃的制备和加工相对复杂和多样。

4.1.2 微晶玻璃的特性

微晶玻璃与普通玻璃相比具有细晶结构，而且其细晶结构比陶瓷材料要细得

多。其主要特点如下：

（1）通过调整组成与热处理条件，可使其膨胀系数在 $-10 \times 10^{-7} \sim 110 \times 10^{-7}$ 范围内变动；

（2）硬度大，机械强度较高，其抗折强度可达到 98.10 MPa 以上，经过增强处理后可达 290~390 MPa；

（3）化学稳定性高，尤其在耐碱腐蚀方面更为突出；

（4）具有较高的耐热冲击，可与石英相比，加热到 400 ℃ 以上投入水中也不炸裂；

（5）电绝缘性能好，电阻率可达 10^4 Ω·m，具有较低的介电损耗；

（6）具有较大的介电常数，强介电性微晶玻璃的相对介电常数可达 1200 左右；

（7）可与金属焊接，它在熔融状态下能够"润湿"别的材料，可用简单的方法把它和金属结合在一起。

与传统的金属材料相比，微晶玻璃具有优良的耐侵蚀性、耐磨性，并且不导电、不导磁、相对密度小；还可通过强化处理和调整热处理工艺，提高强度和韧性，改善性能，扩大其应用领域。

4.1.3　微晶玻璃的分类

从不同的角度，微晶玻璃有不同的分类。

（1）按所用原料，分为矿渣微晶玻璃和技术微晶玻璃（用一般的玻璃原料）。矿渣微晶玻璃并非仅指用高炉炼铁水渣制得的微晶玻璃，而是泛指以冶炼炉渣、尾矿尾砂、工业废渣为原料制备的微晶玻璃。目前正在研究制造微晶玻璃的矿渣主要有高炉渣、金矿尾矿、粉煤灰、转炉电炉钢渣、工业阳极污泥、玻璃和陶瓷废料、下水道污泥、水泥灰尘以及其他硅废料[22-25]。由于矿渣微晶玻璃细小且均匀分布于玻璃体中，其力学性能和化学性能要优于普通玻璃。如果改用矿渣来生产微晶玻璃，经济效益将会比天然石材更优越。技术微晶玻璃是指用一般的玻璃原料制备的微晶玻璃。

（2）按晶化原理，分为光敏微晶玻璃和热敏微晶玻璃。

（3）按微晶玻璃的外观，分为透明微晶玻璃和不透明微晶玻璃。

（4）按性能，分为耐高温、耐热冲击、高强度、耐磨、耐腐蚀、低膨胀系数、低介电损失、易机械加工、强介电性等各种微晶玻璃。

（5）按所含氧化物特点，分为含 Li_2O、MgO、B_2O_3、BaO 或含 PbO，无碱、无硅氧晶相等微晶玻璃。

（6）按基础玻璃组成，可分为硅酸盐、铝硅酸盐、硼硅酸盐、硼酸盐及磷酸盐五大类[23]。

（7）按结晶过程中析出的主晶相种类，可分为以下几类：

1）硅灰石矿渣微晶玻璃（主晶相为硅灰石）。硅灰石类微晶玻璃最有效的晶核剂是硫化物和氟化物，通过改变硫化物的种类和数量可以制备黑色、浅色和白色的矿渣微晶玻璃。其他晶核剂如 P_2O_5、V_2O_5、TiO_2 等对该系统也有影响。该系统玻璃 CaO 含量对玻璃制备和制品性能有很重要的影响，CaO 含量高、MgO 含量低有利于形成硅灰石。高 CaO 含量玻璃宜采用浇注法成型，而低 CaO 含量的玻璃宜采用烧结法。

硅灰石微晶玻璃的力学性能、耐磨性能、耐腐蚀性能都比较优越，可以作为耐磨、耐腐蚀的器件用于化学和机械工业中。微晶玻璃装饰板强度大、硬度高、耐候性能好、热膨胀系数小、具有美丽的花纹，是用作建筑材料的理想材料。

2）透辉石类矿渣微晶玻璃（主晶相为透辉石 $CaMg(SiO_3)_2$）。透辉石是一维链状结构，化学稳定性和耐磨性好，机械强度高。基本玻璃系统有 CaO-MgO-Al_2O_3-SiO_2、CaO-MgO-SiO_2、CaO-Al_2O_3-SiO_2 等。透辉石类矿渣微晶玻璃最有效的晶核剂是氧化铬，也常采用复合晶核剂如 Cr_2O_3 和 Fe_2O_3、Cr_2O_3 和 TiO_2、Cr_2O_3 和氟化物。ZrO_2、P_2O_5 分别与 TiO 组成的复合晶核剂可有效促进钛渣微晶玻璃整体晶化，成核机理皆为液相分离，主晶相为透辉石和榍石。

由于矿渣成分的复杂性，晶相单一的微晶玻璃不易制得。以金砂尾矿为主要原料制得了以单相透辉石固溶体 $Ca(Mg, Al, Fe)[Si_2O_5]$ 为主晶相的微晶玻璃，莫氏硬度达 8.2，抗折强度 155 MPa，耐磨、耐腐蚀性优越。以酸洗硼镁渣为主要原料也制得了以透辉石和透辉石与钙长石固溶体 $Ca(Mg, Al)(Si, Al)O_6$ 为主晶相的矿渣微晶玻璃，由于同时含有几种晶相，因此晶相细小均匀，无微裂纹产生，固溶体的形成增强了玻璃的强度，是性能良好的建筑饰面装饰材料，矿渣用量达 60%。

3）含铁辉石类矿渣微晶玻璃。许多矿渣，如钢渣、有色金属或黑色金属的选矿尾砂，铁的含量相当高（$w(FeO+Fe_2O_3)>10\%$），矿渣在 CaO-MgO-SiO_2 系统制得了以单斜晶辉石为主晶相的矿渣微晶玻璃。玻璃组成范围（质量分数）大致为：40%~60% SiO_2，10%~20% CaO，6.6%~11.5% MgO，4.2%~13%（$FeO+Fe_2O_3$），耐磨性、耐热性及机械强度都很好。

4）镁橄榄石类微晶玻璃（主晶相为镁橄榄石 Mg_2SiO_4）。镁橄榄石具有较强的耐酸碱腐蚀性、良好的电绝缘性、较高的机械强度和由中等到较低的热膨胀系数等优越性能，基本系统是 MgO-Al_2O_3-SiO_2。在 MgO-Al_2O_3-SiO_2 系统中，对一定组成的玻璃经过正确的热处理，也可以像 CaO-Al_2O_3-SiO_2 系统那样，获得具有天然大理石外观的材料。以镁橄榄石为主晶相，基础玻璃组成范围（质量分数）为：45%~68% SiO_2，14%~25% Al_2O_3，8%~16% MgO，0~10% ZnO，10%~22% Na_2O。成形温度低于 CaO-Al_2O_3-SiO_2 系统，适合于工业性大规模生产。制品的耐酸碱性、抗弯强度、硬度、抗冻性等均比天然大理石和花岗岩要优越。加入适量的着色剂如 CuO、NiO、CdO、Fe_2O_3 等可以制得各种颜色的微晶玻璃大理石。

5) 长石类矿渣微晶玻璃。钙长石和钙黄长石也是矿渣微晶玻璃中常有的晶相。以炼钢矿渣制得以下组成（质量分数）的矿渣微晶玻璃：40.2%~46.2% SiO_2，7.5%~9.1% Al_2O_3，38.7% CaO，3.7%~7.7% MgO，0.2%~0.3% FeO，0.3%~0.8% MnO，1%~5% R_2O，2%~6% ZnO，其主要晶相是以黄长石为基础的固溶体。

4.2　微晶玻璃的组织结构

微晶玻璃的显微结构主要由成分组成和热处理工艺等所决定，其对微晶玻璃的物理特性如机械强度、断裂韧性、透光性、抗热震性等有很大影响。微晶玻璃的显微结构主要有枝晶结构、超细颗粒、多孔膜、残余结构、积木结构、柱状互锁结构、孤岛结构、片状孪晶等。

枝晶结构是由晶体在某一晶格方向上加速生长造成的。枝晶的总轮廓与通常晶体形貌相似，枝晶结构中保留了很高比例的残余玻璃相。枝晶在三维方向上连续贯通，形成骨架。由于氢氟酸对亚硅酸锂的侵蚀速度要比铝硅酸盐玻璃相更快，亚硅酸锂枝晶容易被银感光成核，可将复杂的图案转移到微晶玻璃上。

高度晶化微晶玻璃的晶粒尺寸可以控制在几十纳米以内，得到超细颗粒结构。在锂铝硅透明微晶玻璃中，由于充分核化，基础玻璃中形成大量的钛酸锆晶核，β-石英固溶体晶相在晶核上外延生长，形成平均晶粒尺寸约 60 nm 均匀的超细颗粒结构。由于晶粒尺寸远小于可见光波长，并且 β-石英固溶体的双折射率较低，该微晶玻璃透光率很高。在许多微晶玻璃中，残余玻璃相可以形成多孔膜结构。以 β-锂辉石固溶体为主晶相的锂铝硅不透明微晶玻璃中，残余玻璃相中 SiO_2 含量较高，黏度较大，因而能够阻碍铝离子膜网络。因此，锂铝硅微晶玻璃在高温下具有非常好的颗粒稳定性，可以在 1200 ℃的高温下长时间使用。

残余结构式指微晶玻璃如实地保留了基础玻璃中原有的结构。微晶玻璃成核的第一步往往是液-液分相，形成液滴。如在二元铝硅玻璃中，从高硅基质中分离出组成类似于莫来石的高铝液滴。热处理时，高铝液滴晶化成为莫来石微晶体，其外形继承了母体液滴的球形外貌。由于微晶体尺寸很小，只有几十纳米，尽管莫来石与硅质玻璃之间的折射率相差较大，但对可见光的散射很小，因此是一种透明微晶玻璃。

云母类硅酸盐矿物在二维方向上结晶能够产生一种互锁的积木结构，是可切削微晶玻璃的典型显微结构。由于云母晶相较软，而且能使切削工具尖端引起的裂纹钝化、偏转和分支而产生碎片剥落，不会产生灾难性破坏，因此即使晶相体积分数仅 40%也具有良好的可切削性。此外，云母相的连续性也使此类微晶玻璃具有很高的电阻率和介电强度。

具有柱状或针状互锁显微结构的微晶玻璃具有最高的机械强度和断裂韧性。闪石微晶玻璃的主晶相为钾氟碱锰闪石，其柱状互锁显微结构具有类似于晶须补强陶瓷中晶须随机排列的结构特征。这种微晶玻璃的弯曲强度达 150 MPa，断裂韧性达（3.2±0.2）MPa·m。以链状硅酸盐矿物氟硅碱钙石为主晶相、晶化程度更高的氟硅碱钙石微晶玻璃具有柱状互锁显微结构，其弯曲强度接近 300 MPa，断裂韧性高达 5.0 MPa·m。当平衡相沿着各种亚稳相的界面形成时，便产生了典型的孤岛结构。在存在莫来石晶体和残余玻璃相的硅酸铯微晶玻璃中产生的铯榴石晶相就具有孤岛显微结构。

几种微晶玻璃的晶相如顽辉石、钙长石和白榴石在冷却过程中发生结构转变，生成聚合孪晶，生成一种能够提高断裂韧性的片状孪晶显微结构。顽辉石开始形成原顽辉石，当冷却到 1000 ℃时，顽辉石发生马氏体相变转变为斜顽辉石，顽辉石颗粒高度孪晶化。由于这种孪晶片显微结构可以使裂纹偏转吸收能量，因此这种微晶玻璃具有最高的断裂韧性，平均约为 5.0 MPa·m，并具有很高的弹性模量。

4.3 微晶玻璃的制备方法

微晶玻璃的制备技术主要有熔融法、烧结法、熔胶-凝胶法、二次成型工艺、强韧化技术等[26]。矿渣微晶玻璃作为微晶玻璃领域中的一个重要组成部分，是以各种工矿的尾砂、冶金废渣和热电厂的粉煤灰等（如高炉炉渣、钢渣、钨矿渣和污泥、赤泥等）为主要原料制备的微晶玻璃，其工艺与一般微晶玻璃的制备相同。对于尾矿废渣微晶玻璃而言，其制备技术以熔融法、烧结法为主[27-30]。目前工业生产技术基本成熟的工艺有压延法和烧结法，国内现以烧结法为主。另外随着矿渣微晶玻璃制备工艺的发展，其他方法也在其基础上逐渐发展起来。人们在充分吸收熔融浇注法和烧结法的优点基础上，提出了一种制备矿渣微晶玻璃的新方法：碎粒压延法。

熔融法是最早制备微晶玻璃的方法，至今仍然是制备微晶玻璃的主要方法。其生产工艺由三个主要工艺阶段组成：按一定的化学成分和含有晶核剂的配合料熔化成玻璃；用适当的工艺方法成形制品；对成形制品进行核化、晶化处理变成玻璃结晶材料。图 4-1 为熔融法制备矿渣微晶玻璃的工艺图。其主要工艺是在矿渣中加入一定量晶核剂，于 1400～1500 ℃熔化，均化后将玻璃熔体成形，再通过核化和晶化制成成品。这种方法的优点是，可以采用普通玻璃的成形工艺来制备复杂形状的制品，便于机械化生产。

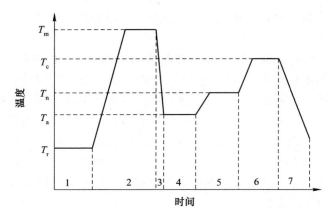

图 4-1 熔融法制备矿渣微晶玻璃工艺过程

1—混合；2—熔融；3—快冷；4—退火；5—核化；6—晶化；7—冷却；
T_r—室温；T_a—退火；T_n—形核温度；T_c—晶化温度；T_m—熔化温度

在 1970 年乌克兰汽车玻璃厂就将矿渣微晶玻璃投入了工业化生产，建成了一条年产 50 万平方米的矿渣微晶玻璃压延生产线。其以高炉渣做主要原料，生产出白色和灰色微晶玻璃，工艺流程为：矿渣处理→粉碎→筛分→配料→均匀混合→熔化→澄清→压延成形→晶化窑→在线切割→检验包装。制取矿渣微晶玻璃的配合料中引入高炉矿渣 45%~60%、石英砂 20%~40%、黏土 0~10%、硫酸钠 3%~6%、煤粉 1%~3%、晶核剂 0.5%~10%。这种矿渣微晶玻璃的密度为 2.6~2.8 g/cm^3、抗弯强度为 90~130 MPa、抗压强度为 500~650 MPa、抗冲击值为普通玻璃的 3~4 倍、软化点小于 950 ℃、使用温度小于 750 ℃、耐酸性 99.8%、吸水率 0。传统的热处理工艺如图 4-2 所示。处理过程分为两个阶段，这是因为它的晶核形成温度和晶粒长大温度是在不同范围内的，一般晶粒长大温度要比形核温度高 150~200 ℃。这就要求在不同的温度范围内进行核化处理和晶化处理，分别对晶粒的析出和长大进行控制。

研究发现，当在适当的玻璃系统中选择合适的晶核剂时，就会实现晶核形成温度 T_n 和最大晶粒长大温度 T_c 在同一温度范围 T_{nc}，如图 4-3 所示。这种矿渣微晶玻璃相系统被称为 "Silceram"。当玻璃相被加热到 T_{nc} 时，直接在该温度下保温随后冷却，就可以在某一温度保温下同时完成晶粒的析出和长大两个过程[26,31]。这比传统的两段加热更经济节能和灵活。目前，利用熔融法制备矿渣微晶玻璃的研究很多。熔融法是最适合工业化生产的一种方法。该方法制得的矿渣微晶玻璃产品性能也最好。例如：以钢铁工业废渣为主要原料，加入晶核剂（$ZrO_2+Cr_2O_3$），采用熔融法制得弯曲强度为 366 MPa、显微硬度为 12.35 GPa 的耐磨微晶玻璃。但是这种方法熔制温度过高，通常在 1400~1600 ℃，能耗大；热处理制度在实际生产中难以控制；晶化温度高，时间长，因此生产成本较高。

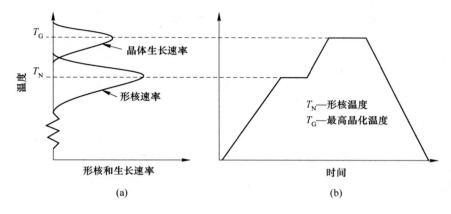

图 4-2 二步热处理制备微晶玻璃工艺过程

（a）形核和晶体生长速率曲线；（b）二步法热处理工艺过程

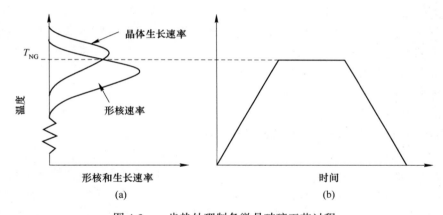

图 4-3 一步热处理制备微晶玻璃工艺过程

（a）形核和晶体生长速率曲线；（b）一步法热处理工艺过程

烧结法生产矿渣微晶玻璃是指将配合好的料投入玻璃熔窑当中，在高温下熔化、澄清、均化，然后将合格的玻璃液导入冷水中，使其淬成一定颗粒大小的玻璃颗粒，然后将玻璃颗粒置于一定形状的模具中进行热处理，在玻璃粉末软化融化的同时结晶成制品。这种生产工艺流程大体为：原料处理→配料→均匀→混合→熔化→水淬→烘干→破碎→筛分→入模→烧结→晶化→退火→研磨抛光→检验入库。它由 H. 宣波恩于 20 世纪 60 年代首先提出，并于 20 世纪 70 年代在日本实现工业化。

粉末在高温下存在烧结和析晶两种过程，高温下玻璃粉末的黏度对烧结过程和析晶过程很重要，一般析晶在黏度为 $10^3 \sim 10^5$ Pa·s 的温度范围内进行。如果玻璃粉末在烧结前发生晶化，那么玻璃粉末的表面和内部析出的晶体会使黏度降低，阻碍玻璃粉末的烧结。玻璃的烧结温度和析晶温度都随玻璃粉末的减少而降低，粉末太细可能使玻璃的析晶温度低于烧结温度，粉末太粗会导致产品显微结构不均。

烧结矿渣微晶玻璃制品这种生产工艺，一次性投资较少，设备重复利用率高，产品强度性能好，价格便宜；适于极高温熔制的玻璃以及难以形成玻璃的微晶玻璃的制备；生产过程易于控制，很容易实现机械化、自动化生产，便于建筑陶瓷企业的转型。其在国内逐步替代陶瓷和玻璃及金属纺织配件是有一定的市场前景的，有的产品已用于作地铁、电视台和其他高级建筑的装饰材料。烧结法目前最大的问题是表面层致密化深度浅（2 mm 左右），内部气孔难以排除，板材容易变形（尤其是大规格）。尽管国内外许多学者对上述问题进行了大量研究，但至今仍未得到解决。

目前用烧结法制备的矿渣微晶玻璃多集中在 $MgO-Al_2O_3-SiO_2$、$CaO-Al_2O_3-SiO_2$ 和 $CaO-MgO-Al_2O_3-SiO_2$ 等系统。有关研究发现：烧结法适用于在相对低的黏度下具有较慢的表面析晶速率的基础玻璃制备成微晶玻璃[32]。这是因为一方面烧结过程中表面析晶从大量玻璃表面开始，极其均匀地进入颗粒内部，从而保证烧结体中有大量均匀分布的晶相；另一方面较慢的表面析晶速率保证熔体析晶时不会因黏度的迅速增大而阻碍烧结体中气体的排除。因此，烧结法适于需高温熔制的玻璃或难以形成玻璃的微晶玻璃的制备，如高温微晶玻璃。

溶胶-凝胶技术是将金属有机或无机化合物作为先驱体，经过水解形成凝胶，再在较低温下烧结得到微晶玻璃的一种低温合成材料新工艺。近几十年来，人们对凝胶-溶胶技术从粉末或块体中获得先驱玻璃相做了大量的研究。溶胶-凝胶法在材料制备的初期就可以进行控制，材料的均匀性很好，可以达到纳米级甚至分子级水平。它也可以制备高温难熔的玻璃体系或高温存在分相的玻璃体系[26]。但是，该方法生产周期长、成本高、污染大，不适用制备矿渣微晶玻璃。制得的微晶玻璃还有二次深加工技术等，比如根据制品用途、要求不同，可对制得的微晶玻璃进行表面涂层、离子交换和二次成型工艺再处理，以达到所需效果。其中表面涂层只适用于高膨胀系数的微晶玻璃，对于低膨胀的微晶玻璃，一般采用离子交换法。

4.4　国内外微晶玻璃技术的发展

国内对矿渣微晶玻璃的研究起步较晚，直到 20 世纪 80 年代末 90 年代初才掀起研制、开发、试生产的热潮。在随后的 20 多年里人们对矿渣微晶玻璃的选择、晶核剂应用、热处理制度、成型方法、玻璃分相以及玻璃成分、结构、性能都做了大量的研究，各种各样的炉渣、粉煤灰、金属尾矿等都被用来研制微晶玻璃。以武汉理工大学、湖南大学、清华大学、中国科学院上海硅酸盐研究所、秦皇岛玻璃工业研究设计院、晶牛集团以及蚌埠玻璃工业设计研究院等几家为龙头的科研院所，致力于研究用高炉渣制备高强、高档、低成本的可广泛应用于建筑、装饰或工业用耐磨、耐蚀的微晶玻璃材料。目前，国内已经有安徽琅琊山铜矿微晶玻璃厂、晶牛集团、宜春微晶玻璃厂、大唐装饰材料有限公司等单位研制开发出多种微晶玻璃，并正式投入批量生产。

早在 20 世纪 30 年代初，基泰戈罗茨基就对微晶玻璃的结晶能力、结晶速度有很深的研究。1960 年苏联成功研制出矿渣微晶玻璃，美国 20 世纪 70 年代生产出了建筑岩石微晶玻璃装饰板。他们主要是将矿渣、岩石及其他玻璃原料混合熔化，采用平板玻璃的成型方法生产出平板，再经热处理（晶化）和抛光加工制成微晶玻璃装饰板。他们后来又相继研制出了以硅灰石为主晶相的高档微晶玻璃装饰板。从目前的国外研究形势来看，美国侧重于微晶玻璃显微结构的耐久性，对微晶玻璃显微结构对其物化性质的影响进行的研究较多。德国对微晶玻璃性能研究较多，在生物医学上取得了极大成功。乌克兰等国家利用矿渣在熔融状态下加进气，利用蒸汽或水处理的方法制得泡沫矿渣微晶玻璃，用作建筑砌块、隔墙。法国成功地利用玄武岩制取微晶玻璃，在工业应用上有很好的前景。日本对特殊功能的微晶玻璃研究非常成功，同时还注意微晶玻璃的推广普及，利用烧结法生产微晶玻璃板材，产品色泽鲜艳，美观大方，具有多种颜色，代表了目前微晶玻璃大理石材料生产的世界先进水平。目前，日本约有三分之一的墙面装有这种微晶玻璃材料，应用非常广泛。继美国康宁公司研制具有可切削性的云母微晶玻璃之后，日本和我国也先后研制成功。

4.5 研究实例——含 Cr 危固微晶玻璃的制备与 Cr、Ni 固化机理

4.5.1 Cr 价态变化条件和 Cr^{6+} 还原解毒机理

不锈钢酸洗过程中，常用的酸洗液为 HF 和 HNO_3 混合液。酸洗过程中可能存在以下反应：

$$Fe_2O_3 + 6H^+ \rule[0.5ex]{1.5em}{0.4pt} 2Fe^{3+} + 3H_2O \tag{4-1}$$

$$Cr_2O_3 + 6H^+ \rule[0.5ex]{1.5em}{0.4pt} 2Cr^{3+} + 3H_2O \tag{4-2}$$

$$NiO + 2H^+ \rule[0.5ex]{1.5em}{0.4pt} Ni^{2+} + H_2O \tag{4-3}$$

$$CuO + 2H^+ \rule[0.5ex]{1.5em}{0.4pt} Cu^{2+} + H_2O \tag{4-4}$$

$$Cr - 3e \rule[0.5ex]{1.5em}{0.4pt} Cr^{3+} \tag{4-5}$$

$$Cr^{3+} - 3e \rule[0.5ex]{1.5em}{0.4pt} Cr^{6+} \tag{4-6}$$

$$Fe - 2e \rule[0.5ex]{1.5em}{0.4pt} Fe^{2+} \tag{4-7}$$

$$Fe^{2+} - e \rule[0.5ex]{1.5em}{0.4pt} Fe^{3+} \tag{4-8}$$

由上述反应式知，酸洗废液中可能含有 Cr^{3+}、Cr^{6+}、Ni^{2+}、Cu^{2+} 等重金属离子。其中 Cr^{6+} 以 CrO_4^{2-}、$Cr_2O_7^{2-}$、$HCrO_4^-$ 等形式存在。酸洗废液的石灰中和处理过程可能存在以下反应：

$$Cr^{3+}+3OH^- \rule[0.5ex]{1.5em}{0.4pt} Cr(OH)_3 \downarrow \tag{4-9}$$

$$CrO_4^{2-}+Ca^{2+} \rule[0.5ex]{1.5em}{0.4pt} CaCrO_4 \downarrow \tag{4-10}$$

$$Ni^{2+}+2OH^- \rule[0.5ex]{1.5em}{0.4pt} Ni(OH)_2 \downarrow \tag{4-11}$$

$$Cu^{2+}+2OH^- \rule[0.5ex]{1.5em}{0.4pt} Cu(OH)_2 \downarrow \tag{4-12}$$

$$Ca^{2+}+2F^- \rule[0.5ex]{1.5em}{0.4pt} CaF_2 \downarrow \tag{4-13}$$

$$Fe^{3+}+3OH^- \rule[0.5ex]{1.5em}{0.4pt} Fe(OH)_3 \downarrow \tag{4-14}$$

25 ℃和 100 ℃时 Cr 电位-pH 图如图 4-4 所示。由图可以看出，随 pH 值的升高，Cr^{3+} 被氧化为 Cr^{6+} 的临界电位降低；温度升高时，Cr^{3+} 被氧化为 Cr^{6+} 的电位基本不变；Cr^{3+} 沉淀的临界 pH 值随温度升高而降低。

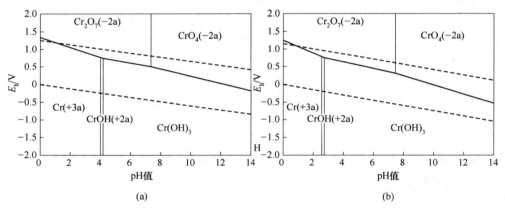

图 4-4　25 ℃和 100 ℃时 Cr 电位-pH 图
(a) 25 ℃ $Cr-H_2O$ 体系；(b) 100 ℃ $Cr-H_2O$ 体系

不同 pH 值下，不锈钢酸洗液的沉淀量如图 4-5 所示。由图可知当 pH 值为 9.5 时，酸洗液中的沉淀量最大，因此，Cr^{3+}、Ni^{2+} 沉淀固化较优的 pH 值为 9.5。

不锈钢酸洗污泥、不锈钢渣等含铬固废以熔融法制备微晶玻璃时，可能发生如下反应：

$$2CaCrO_4 \longrightarrow Cr_2O_3+2CaO+1.5O_2(g) \tag{4-15}$$

$$Cr_2O_3+2CaO+1.5O_2(g) \longrightarrow 2CaCrO_4 \tag{4-16}$$

$$2CaCrO_4+2Fe \longrightarrow Fe_2O_3+Cr_2O_3+2CaO \tag{4-17}$$

$$CaCrO_4+Cr \longrightarrow Cr_2O_3+CaO \tag{4-18}$$

$$2CaCrO_4+3Ni \longrightarrow Cr_2O_3+3NiO+2CaO \tag{4-19}$$

$$2CaCrO_4+6FeO \longrightarrow Cr_2O_3+3Fe_2O_3+2CaO \tag{4-20}$$

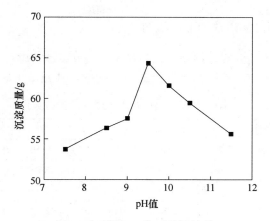

图 4-5　不同 pH 值下的沉淀量

上述反应的 $\Delta G\text{-}T$ 和 $\lg K\text{-}T$ 关系曲线分别如图 4-6、图 4-7 所示。由图可以看出，800 ℃ 以下时，含 Cr 危固中的 Fe、FeO、Cr、Ni 等成分可有效防止 Cr^{3+} 被氧化成 Cr^{6+}；800 ℃ 以上时，Cr^{6+} 具备被还原解毒为 Cr^{3+} 的热力学和动力学条件。

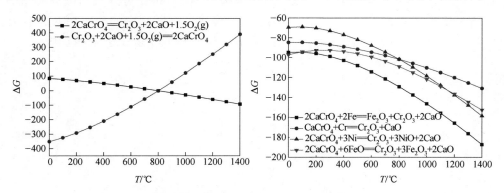

图 4-6　Cr^{6+} 解毒反应的 $\Delta G\text{-}T$ 关系曲线

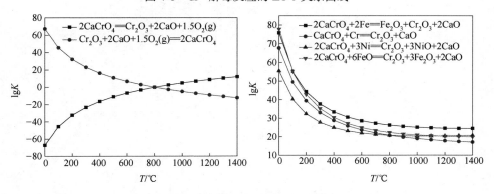

图 4-7　Cr^{6+} 解毒反应的 $\lg K\text{-}T$ 关系曲线

4.5.2　含 Cr 危固微晶玻璃的形成机制

4.5.2.1　透辉石型不锈钢渣微晶玻璃的成分调配机制

本项目使用的含 Cr 不锈钢渣和废玻璃的化学组成见表 4-1。

表 4-1　实验原料的化学组成（质量分数） （%）

矿物组成	CaO	MgO	SiO_2	Al_2O_3	Fe_2O_3	Cr_2O_3	TiO_2	P_2O_5	ZrO_2	Na_2O
不锈钢渣	36.97	26.11	21.46	6.46	2.51	0.99	0.50	0.11	0.02	0.08
废玻璃	9.04	4.08	68.30	2.49	0.59	0.03	0.05	0.02	—	14.37
矿物组成	CaF_2	SO_3	MnO	K_2O	BaO	Cl	NiO	SrO	CuO	SeO_2
不锈钢渣	4.35	1.22	1.13	0.14	0.05	0.04	0.02	0.02	0.01	0.01
废玻璃	—	0.37	—	0.57	0.03	0.06	—	—	—	—

由表 4-1 可知，不锈钢渣中 CaO、MgO 含量（质量分数）分别为 36.97% 和 26.11%。不锈钢渣和废玻璃中 SiO_2 含量（质量分数）分别为 21.46% 和 68.30%。SiO_2、Al_2O_3 可以充当微晶玻璃的网络形成体，CaO、MgO 可以充当微晶玻璃的网络改性体，Na_2O 是助熔剂和玻璃网络改性剂。根据原料的成分特点，结合 CaO-MgO-SiO_2 相图（见图 4-8），选择透辉石相区（$CaMgSi_2O_6$）为目标相区。

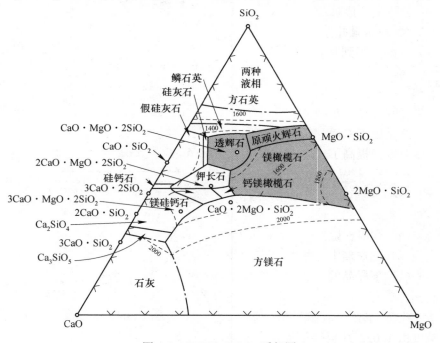

图 4-8　CaO-MgO-SiO_2 系相图

以二元碱度为影响因子，研究不锈钢渣微晶玻璃的成分配比机制。二元碱度（R）计算公式为：

$$R = \frac{w(\mathrm{CaO}) + w(\mathrm{MgO})}{w(\mathrm{SiO_2}) + w(\mathrm{Al_2O_3})} \qquad (4\text{-}21)$$

式中 $w(\mathrm{CaO})$——CaO 的质量分数，%；

       $w(\mathrm{MgO})$——MgO 的质量分数，%；

       $w(\mathrm{SiO_2})$——$\mathrm{SiO_2}$ 的质量分数，%；

       $w(\mathrm{Al_2O_3})$——$\mathrm{Al_2O_3}$ 的质量分数，%。

不同二元碱度的原料配方见表 4-2。为增强基础玻璃析晶能力，5 组配方都添加了 3% 的 $\mathrm{TiO_2}$。

表 4-2　配料实验成分（质量分数）　　（%）

编号	CaO	MgO	SiO₂	Al₂O₃	Fe₂O₃	Cr₂O₃	Na₂O	CaF₂	二元碱度
SC-1	20.21	12.89	49.56	4.08	1.36	0.41	8.65	1.74	0.79
SC-2	21.61	13.99	47.22	4.28	1.45	0.46	7.94	1.96	0.89
SC-3	23.01	15.10	44.88	4.48	1.55	0.51	7.23	2.18	1.00
SC-4	24.40	16.20	42.54	4.67	1.65	0.56	6.51	2.39	1.11
SC-5	25.80	17.30	40.20	4.87	1.74	0.61	5.80	2.61	1.24

将不锈钢渣、废玻璃和 $\mathrm{TiO_2}$ 按表 4-2 进行配料，混匀后装入刚玉坩埚，在马弗炉中 1480 ℃ 熔融并保温 2 h。接着，将熔融的玻璃液浇注到 600 ℃ 的模具中，并保温 30 min，得到基础玻璃。将基础玻璃升温至 750 ℃，升温速率 5 ℃/min，保温 60 min，得到核化玻璃。将核化玻璃升温至 890.9 ℃，保温 60 min 后随炉冷却至室温，得到微晶玻璃样品。根据基础玻璃样品的差热分析曲线（见图 4-9），随二元碱度的升高，基础玻璃的晶化峰温度由 910.2 ℃ 下降至 879.9 ℃，放热峰变尖锐。这是由于 CaO、MgO 等网络改性剂的增加，降低了玻璃网络的完整度和硅氧链聚合度，提高了玻璃网络中晶相组成离子的扩散能力。当二元碱度由 0.79 提高至 1.00 时，样品的玻璃转变温度升高，这可能是由于基础玻璃中硅氧链交联度上升所致；当二元碱度由 1.00 提升至 1.24 时，样品的玻璃转变温度降低，这可能是因为过量的 CaO 和 MgO 使基础玻璃中硅氧链聚合度降低，分子链间的作用力减弱。同时，随废玻璃配加量的增加，原料中 $\mathrm{Na_2O}$ 含量也随之提高，进一步降低了基础玻璃中硅氧键的聚合度。

不同碱度下样品的 XRD 图谱如图 4-10 所示，当原料二元碱度为 0.79 时，样品主晶相为辉石 $\mathrm{Ca(Mg,Fe)Si_2O_6}$；当二元碱度由 0.79 升至 1.11 时，微晶玻璃的主晶相由辉石转变为透辉石，此外，样品中还有少量的霞石相 $\mathrm{KNa_3(AlSiO_4)_4}$；当二元碱度由 1.022 升至 1.24 时，样品主晶相转变为透辉石和镁黄长石。因此，当原料碱度提高时，样品主晶相呈现向镁黄长石相区移动的趋势。

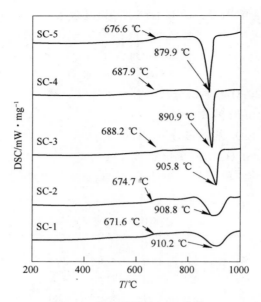

图 4-9 基础玻璃的 DSC 曲线

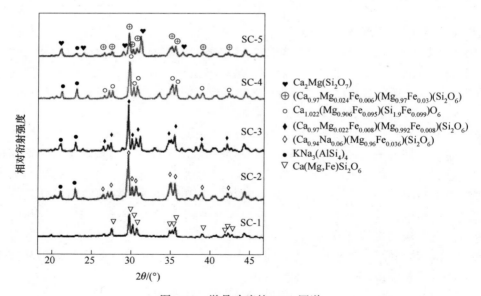

图 4-10 微晶玻璃的 XRD 图谱

由微晶玻璃样品的 SEM 形貌（见图 4-11）可以看出，随二元碱度的增加，样品中微晶颗粒由长柱状晶转变为等轴晶，长径比降低。这表明：随二元碱度增加，晶体颗粒各晶面的表面能差降低，晶体由一维生长转变为三维生长。此外，随二元碱度的增加，微晶颗粒尺寸由 2~3 μm 下降至 0.5~1 μm。这是由于二元碱度的增加导致玻璃网络中硅氧链聚合度下降、基础玻璃分相能力增大，因此基础玻璃中有效晶核密度提高，进而导致晶粒细化。

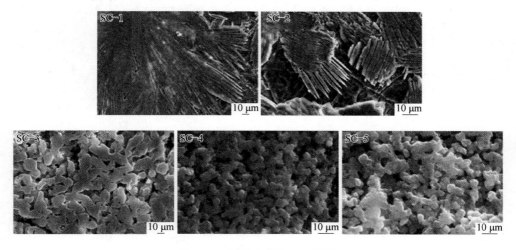

图 4-11 微晶玻璃的 SEM 形貌

不同碱度下样品的性能如图 4-12 所示。一方面，二元碱度的增加会使微晶颗粒由长柱状晶转变为等轴晶、晶粒细化，导致样品密度增加；另一方面，二元碱度的增加使得高密度透辉石相（3.2~3.6 g/cm³）含量降低、低密度镁黄长石相（2.9~3.1 g/cm³）含量增加，进而降低样品的密度。因此，在两方面因素的综合作用下，样品的密度随二元碱度的增加呈现出先升高后降低的趋势［见图 4-12（a）］。由图 4-12（b）、（c）可以看出，随二元碱度增加，样品的维氏硬度和抗弯强度均呈现先升高后降低的趋势。当二元碱度为 1 时，样品的最大维氏硬度和最大抗弯强度分别为 5.32 GPa 和 95.5 MPa。当二元碱度增加时，样品中低长径比等轴晶的含量逐渐增加。由于相比高长径比的柱状晶，等轴晶有助于裂纹尖端的弯曲和钝化、增加破裂功、减缓甚至阻止裂纹扩展，因此样品的硬度和抗弯强度有所提高。然而，当二元碱度继续增加时，低性能的镁黄长石相开始出现，导致微晶玻璃性能下降。

4.5.2.2 TiO₂ 促进玻璃析晶机制研究

取二元碱度为 1 的 SC-3 为作为基础配方，向基础原料中分别添加（质量分数）0、3%、5%、7% 和 9% 的 TiO₂ 作为晶核剂，得到编号为 1 号~5 号的混合料。五组混合料在马弗炉 1480 ℃熔融并保温 2 h，得到玻璃熔体；将玻璃熔体浇注到预热至 650 ℃的模具中保温 30 min，随炉冷却至室温，得到基础玻璃。基础玻璃的差热分析结果如图 4-13 所示。由图可以看出，五组样品的 DSC 曲线均

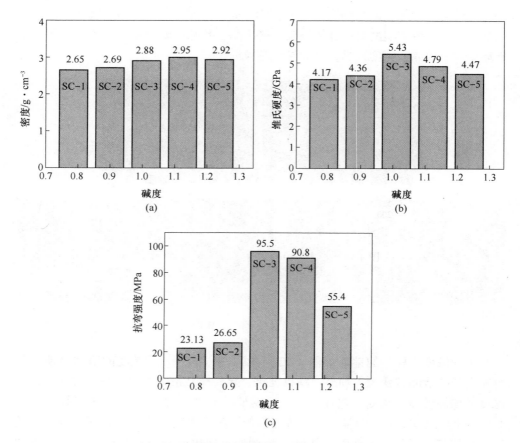

图 4-12　不同原料碱度下微晶玻璃样品的性能
（a）密度；（b）维氏硬度；（c）抗弯强度

只存在一个放热峰，玻璃转变温度为 660~695 ℃，析晶放热温度为 870~910 ℃。

添加 3% TiO$_2$ 样品的玻璃转变温度比未添加样品高 22 ℃，这是因为玻璃网络中低含量的 Ti^{4+} 主要以 Ti-O 四面体形式镶嵌于 Si-O 网络中，提高了硅氧四面体的聚合度，进而使玻璃转化温度升高。当 TiO$_2$ 添加量高于 3% 时，样品的玻璃转变温度变化较小，这主要是由于大量 TiO$_2$ 的掺入使得硅氧链的刚度降低，抵消了因聚合度提高带来的玻璃转化温度升高。随 TiO$_2$ 添加量升高，样品的析晶峰温度呈现先升高后降低的变化。这是由于，当掺入量较低时，TiO$_2$ 充当网络形成体，玻璃网络的完整度随 TiO$_2$ 含量升高而升高，析晶能力降低，因此析晶峰温度升高；当掺入量较高时，TiO$_2$ 充当玻璃网络改性剂，玻璃网络中"非桥氧"含量随 TiO$_2$ 含量升高而升高，Ca^{2+} 和 Mg^{2+} 等离子扩散所需点阵空隙升高，因此晶化峰温度降低。

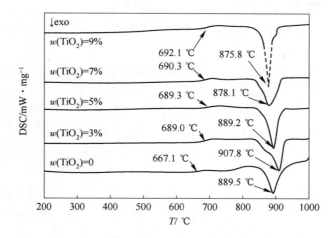

图 4-13 不同 TiO₂ 含量的基础玻璃 DSC 曲线

根据样品的 XRD 图谱（见图 4-14），未添加 TiO₂ 的样品主晶相为透辉石 $CaMg(SiO_3)_2$ 和镁黄长石 $Ca_2MgSi_2O_7$；随 TiO₂ 添加量的增加，样品中镁黄长石相的衍射峰强度降低，钙钛矿相 $CaTiO_3$ 的衍射峰强度和峰面积增加。

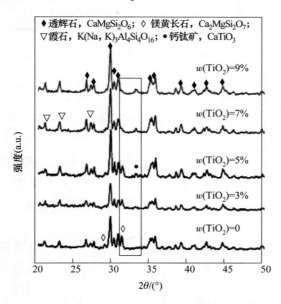

图 4-14 不同 TiO₂ 含量的微晶玻璃 XRD 图谱

基础玻璃析晶过程中，透辉石相的形成可由式（4-6）表示，透辉石相转变为镁黄长石相可由式（4-22）表示。结合 XRD 分析结果，TiO₂ 添加量增加会导致镁黄长石相降低和钙钛矿相增加的原因可能是：

（1）析晶初期，TiO_2 消耗了大量 CaO（见式（4-24）），进而抑制了镁黄长石的生成。

（2）析晶反应过程中，TiO_2 与生成的镁黄长石相反应形成钙钛矿（见式（4-25）），从而降低了镁黄长石相的含量。

$$CaO+MgO+2SiO_2 = CaMgSi_2O_6 \tag{4-22}$$

$$CaMgSi_2O_6+CaO = Ca_2MgSi_2O_7 \tag{4-23}$$

$$CaO+TiO_2 = CaTiO_3 \tag{4-24}$$

$$Ca_2MgSi_2O_7+TiO_2 = CaTiO_3+CaMgSi_2O_6 \tag{4-25}$$

上述四个反应式的 Gibbs 自由能随温度变化曲线如图 4-15 所示。由图 4-15 可知，在析晶峰温度范围内透辉石相均可自发析晶，这与 XRD 测试结果一致；在析晶峰温度范围内，式（4-23）吉布斯自由能比式（4-25）低，因此析晶过程中 TiO_2 主要以消耗 CaO 的方式抑制镁黄长石相形成。

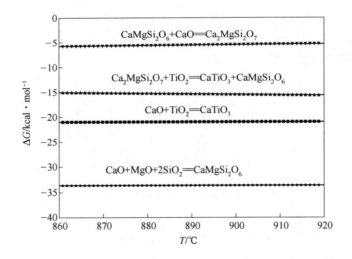

图 4-15 四个反应的 Gibbs 自由能-温度曲线

不同 TiO_2 添加量下微晶玻璃样品的 SEM 形貌如图 4-16 所示。由图可以看出，当 TiO_2 添加量低于 5% 时，微晶颗粒呈块状，颗粒尺寸超过 10 μm；随着 TiO_2 添加量的增加，微晶颗粒逐渐转变为短棒状，微晶颗粒细化趋势明显。基础玻璃在热力学上是不稳定的，玻璃网络中掺杂的 Ti-O 四面体在热处理过程中转变为 Ti-O 八面体，与 Ca^{2+}、Mg^{2+} 和 Fe^{3+} 等离子结合形成富钛"小液滴"，促进基础玻璃分相。富钛相与玻璃基体的相界面可作为非均匀形核位，诱导微晶形核，促进微晶体生长。因此，TiO_2 含量增加可使得基础玻璃形核率提高，起到细化晶粒效果。

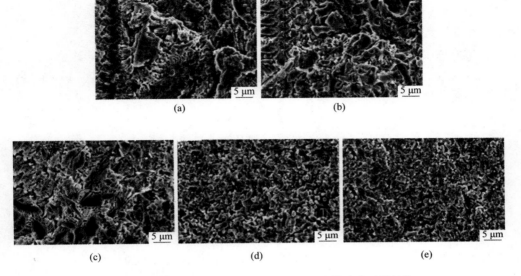

图 4-16　不同 TiO$_2$ 含量（质量分数）的微晶玻璃显微结构

（a）0；（b）3%；（c）5%；（d）7% ；（e）9%

不同 TiO$_2$ 含量下，样品的抗弯强度和维氏硬度如图 4-17 所示。由图可以看出，随 TiO$_2$ 添加量的增加，样品的抗弯强度和维氏硬度呈现先增加后趋于不变的趋势。这是由于 TiO$_2$ 含量的增加抑制了基础玻璃中镁黄长石相的析出，微晶颗粒由块状晶转变为了等轴晶。

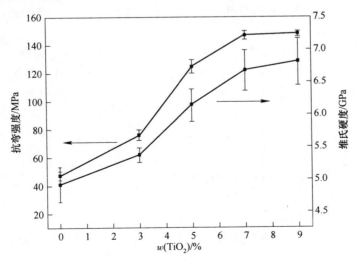

图 4-17　微晶玻璃的抗弯强度和维氏硬度

4.5.2.3　一步热处理工艺及机理研究

A　微晶相变热力学研究

相变过程的推动力是相变前后的自由能差：$\Delta G_{T,P} \leqslant 0$。

等温等压条件下：

$$\Delta G = \Delta H - T\Delta S \tag{4-26}$$

平衡条件下：

$$\Delta G = \Delta H - T\Delta S = 0 \tag{4-27}$$

$$\Delta S = \frac{\Delta H}{T_0} \tag{4-28}$$

式中　T_0——相变的平衡温度；

　　ΔH——相变热。

当 $T \neq T_0$ 时：

$$\Delta G = \Delta H - T\Delta S \neq 0 \tag{4-29}$$

此时，若 ΔH 和 ΔS 不随温度变化，将式（4-28）代入式（4-29）得：

$$\Delta G = \Delta H - \frac{T\Delta H}{T_0} = \Delta H \frac{T_0 - T}{T_0} = \Delta H \frac{\Delta T}{T_0} \tag{4-30}$$

　　玻璃析晶过程为放热相变，其 $\Delta H < 0$；基础玻璃是由高温熔体快速度冷却得到的非晶态样品，其过冷度 $\Delta T = T_0 - T > 0$；单从温度因子看，基础玻璃在热力学上是不稳定的，能发生相变反应。

　　微晶玻璃制备过程中，基础玻璃基本保留了高温熔体的微观结构；从热力学角度可知，基础玻璃具有较大的相变驱动力；目标玻璃含有 Fe_2O_3、Cr_2O_3、CaF_2、Na_2O 等，能诱导玻璃分相、形核和晶体生长。因此，基础玻璃具备析晶相变的热力学条件。

　　晶核从过冷的基础玻璃中析出时，基础玻璃由一相转变为两相，导致体系能量变化：一部分是玻璃态转变为晶态导致的自由能降低（ΔG_1），另一部分是新相析出产生新的相界面，体系自由能上升（ΔG_2）。因此，基础玻璃形核导致的总自由能变化为：

$$\Delta G = \Delta G_1 + \Delta G_2 = V\Delta G_V + A\gamma \tag{4-31}$$

式中　V——新相体积；

　　ΔG_V——单位体积内新旧两相的自由能差；

　　A——新相的总表面积；

　　γ——新相的界面能。

　　玻璃分相过程中，晶核的初始形貌多为球形，式（4-31）可写为：

$$\Delta G = n\frac{4}{3}\pi r^3 \Delta G_V + 4\pi r^2 \gamma n \tag{4-32}$$

式中 r——新相球状晶核半径;

n——单位体积内半径为 r 的晶核数量。

将式 (4-30) 代入式 (4-32) 可得:

$$\Delta G = n \frac{4}{3}\pi r^3 \frac{\Delta H \cdot \Delta T}{T_0} + 4\pi r^2 \gamma n \qquad (4\text{-}33)$$

$\Delta G = 0$ 时,表明新生晶核能稳定存在,此时:

$$\frac{\mathrm{d}(\Delta G)}{\mathrm{d}r} = 4n\pi r^2 \frac{\Delta H \cdot \Delta T}{T_0} + 8\pi r \gamma n \qquad (4\text{-}34)$$

由此可知新生晶核能稳定存在的临界尺寸为:

$$r_0 = -\frac{2\gamma T_0}{\Delta H \Delta T} = -\frac{2\gamma}{\Delta G_V} \qquad (4\text{-}35)$$

玻璃熔体中的晶核临界尺寸一般为 10~100 nm。因此,在基础玻璃的分相过程中,稳定析出尺寸超临界值的晶核是其完成形核和析晶的首要条件。

B 一步热处理机理与模型研究

微晶玻璃制备过程中,形核速率曲线与晶体生长速率曲线间存在有限的重叠量 (见图 4-18 (a)),这也是传统工艺需两步热处理的主要原因。如能使形核速率曲线与晶体生长速率曲线重叠量增大 (见图 4-18 (b)),微晶玻璃的形核和析晶将在同一温度 (T_{nc}) 下完成。

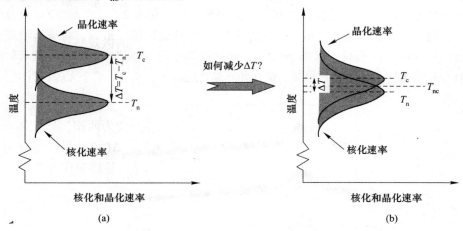

图 4-18 形核和晶体生长速率与温度关系曲线

(a) 低重叠量的速率曲线;(b) 高重叠量的速率曲线

T_c—晶化温度;T_n—形核温度;T_{nc}—一步法热处理温度

由式 (4-35) 可知,微晶临界晶核尺寸与晶核相的表面能有关。微晶玻璃形核过程中,晶核剂离子和网络改性体离子富集于晶核相中,晶核周围形成富含网络形成体的玻璃层 (扩散障碍层)。由于该层中网络改性体的含量远低于晶核相和基础玻璃，因此在该玻璃层中微晶玻璃主晶相组成离子的扩散系数会明显偏高，这使得晶体生长速率曲线与形核速率曲线重叠量降低。因此，避免形成扩散障碍层或改善该层的玻璃网络结构有助于提高晶核的生长能力，从而实现基础玻璃一步析晶。

作者团队以不锈钢渣、废玻璃和酸洗污泥为原料，不添加任何晶形剂和助熔剂的条件下，采用一步热处理方法成功制备了微晶玻璃。为阐明 Na_2O 和 CaF_2 促进微晶玻璃一步析晶机理，以 CaO、MgO、SiO_2、Al_2O_3、Fe_2O_3、Cr_2O_3、Na_2CO_3 和 CaF_2 为原料，设计了四组微晶玻璃配方，见表4-3。

表 4-3　基础玻璃配方　　　　　　　　　　　　　　（%）

编　号		CaO	MgO	SiO_2	Al_2O_3	Fe_2O_3	Cr_2O_3	CaF_2	Na_2O
GC-A	质量分数	22.45	14.72	52.02	4.91	4.80	1.10	0.00	0.00
	摩尔分数	23.33	21.25	50.41	2.80	1.74	0.42	0.00	0.00
GC-B	质量分数	20.78	13.63	48.15	4.54	4.80	1.10	7.00	0.00
	摩尔分数	22.09	20.12	47.77	2.65	1.79	0.43	5.34	0.00
GC-C	质量分数	20.78	13.63	48.15	4.54	4.80	1.10	0.00	7.00
	摩尔分数	21.70	19.77	46.93	2.60	1.75	0.42	0.00	6.60
GC-D	质量分数	19.11	12.53	44.28	4.18	4.80	1.10	7.00	7.00
	摩尔分数	20.44	18.62	44.19	2.45	1.80	0.43	5.37	6.76

原料经配料、混匀后，在马弗炉中升温至900℃保温2h，使 Na_2CO_3 充分分解。接着，将炉温升温至1460℃并保温2h，得到玻璃液。最后，将玻璃液浇注到预热至600℃的模具中保温30 min，随炉冷却后得到基础玻璃。由基础玻璃的 XRD 分析结果（见图4-19）可知，浇注和非晶化过程中，基础玻璃中无晶相析出。

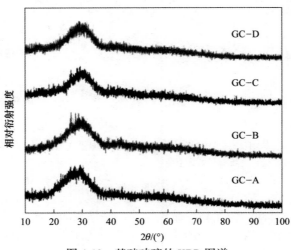

图 4-19　基础玻璃的 XRD 图谱

基础玻璃及 GC-D 样品的 DSC 曲线如图 4-20 所示，基础玻璃的升温速率为 10 K/min，GC-D 样品的升温速率分别为 10 K/min、15 K/min、20 K/min 和 30 K/min。由图 4-20（b）可以看出，析晶放热峰温度随升温速度升高而升高。

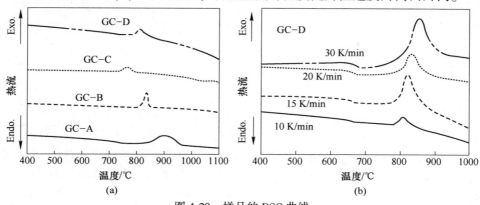

图 4-20 样品的 DSC 曲线
（a）基础玻璃；（b）GC-D 样品

基础玻璃 DSC 曲线的析晶放热峰温度见表 4-4。作者团队用 Arrhenius、Kissinger 和 Augis-Bennett 方程计算了基础玻璃的析晶活化能和 Avrami 指数（见表 4-5）。

$$k = \nu \exp\left(-\frac{E}{RT}\right) \qquad (4-36)$$

$$\ln\frac{T_p^2}{\alpha} = \frac{E}{RT_p} + \ln\frac{E}{T_p} - \ln\nu \qquad (4-37)$$

$$n = \frac{2.5}{\Delta T} \cdot \frac{RT_p^2}{E} \qquad (4-38)$$

式中　k——反应速率常数；

　　　ν——频率因子；

　　　E——析晶活化能；

　　　R——气体常数；

　　　T——绝对温度；

　　　T_p——放热峰温度；

　　　ΔT——放热峰的半高宽。

表 4-4　基础玻璃的放热峰温度　　　　　　　　　（K）

样品编号	$\alpha = 10$ K/min	$\alpha = 15$ K/min	$\alpha = 20$ K/min	$\alpha = 30$ K/min
GC-A	1170.1	1184.7	1196.2	1210.1
GC-B	1109.1	1119.4	1128.0	1141.5

续表 4-4

样品编号	α = 10 K/min	α = 15K/min	α = 20 K/min	α = 30 K/min
GC-C	1036.4	1050.4	1062.7	1084.4
GC-D	1082.5	1095.3	1109.0	1129.3

表 4-5 基础玻璃的析晶活化能 （E） 与 Avrami 指数 （n）

样品编号	GC-A	GC-B	GC-C	GC-D
$E/kJ \cdot mol^{-1}$	301.2	337.3	195.4	216.6
n	1.2	3.4	2.8	2.9

与 GC-A 相比，GC-B 样品的析晶活化能略有升高。添加有 7% Na_2O 的 GC-C 和 GC-D 样品的析晶活化能分别为 195.4 kJ/mol 和 216.6 kJ/mol，明显低于 GC-A 和 GC-B。添加 7% Na_2O 的 GC-C 样品的活化能比同时添加 7% CaF_2 和 7% Na_2O 样品的活化能低 20 kJ/mol。这表明，基础玻璃中引入 Na_2O 可降低析晶活化能；基础玻璃中加入 CaF_2，对其析晶能力影响较小。未添加 Na_2O 和 CaF_2 的 GC-A 样品的 Avrami 指数为 1.2，表明该样品的析晶机制为表面析晶。与 GC-A 相比，添加有 Na_2O 或 CaF_2 的基础玻璃 GC-B、GC-C 和 GC-D 的 Avrami 指数分别为 3.4、2.8 和 2.9，均接近 3。这表明向基础玻璃中添加 Na_2O 或 CaF_2 对其析晶能力的改善效果明显。

以 10 K/min 升温速率，将基础玻璃升温至放热峰温度并保温 1 h，随炉温冷却后得到微晶玻璃样品。样品的 XRD 图谱如图 4-21 所示。由图可以看出，四组样品的主晶相均为透辉石，这表明 Na_2O 或 CaF_2 的加入对微晶玻璃主晶相无影响。

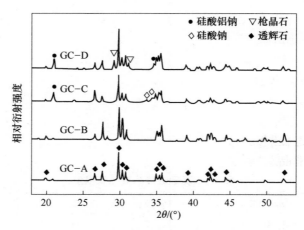

图 4-21 微晶玻璃的 XRD 图谱

微晶玻璃样品的 SEM 形貌如图 4-22 所示。由图可以看出：GC-A 样品中晶体颗粒是由基础玻璃表面向内部生长，晶粒呈大块状，尺寸超过 $100~\mu m$。玻璃块体内部仍有大量玻璃相残留，这表明 GC-A 的析晶机制确为表面析晶。GC-B 样品的微观组织不均匀，尺寸超过 $200~\mu m$ 的晶体颗粒镶嵌在剩余玻璃相中，这表明 GC-B 样品是三维析晶。GC-C 和 GC-D 样品中，晶粒较为均匀。这表明 GC-C 和 GC-D 样品都是三维析晶。综上所述，向基础玻璃中添加 Na_2O 能促进一步析晶；同时添加 Na_2O 和 CaF_2 既能促进一步析晶，又能改善微晶玻璃的显微组织。

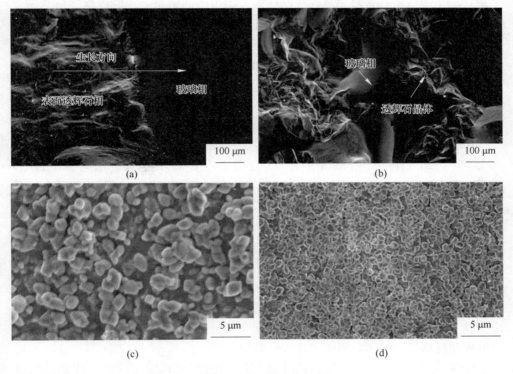

图 4-22　微晶玻璃的显微组织

(a) GC-A；(b) GC-B；(c) GC-C；(d) GC-D

一步热处理过程中，相分离、形核和晶体生长在同一温度下完成。在基础玻璃析晶过程中，非晶态的基础玻璃首先发生分相，形成富含某些离子的前驱相，其成分接近于晶核或主晶相的化学组分。因此，前驱相中容易形成晶核。另外，前驱相界面是微晶玻璃的非均匀形核位点，有助于降低形核能垒。通常，CaF_2 能诱导基础玻璃分相和形核。然而，在本研究中，与 GC-A 相比，引入 CaF_2 的 GC-B 样品的析晶活化能上升了 $36.1~kJ/mol$。这可能是由于随着 CaF_2 含量增加，玻璃相中晶核密度上升；成核后，晶核周边 F^- 含量降低，玻璃网络完整度提高；晶核相周边形成贫 F 玻璃层；Ca、Mg 等晶核组成离子在该层中的扩散系数降低，晶核生长能力减弱，表现为析晶活化能升高，大量晶核失去长大能力。热处理结束后，极少数晶核生长成粗大的微晶颗粒。

GC-C 样品的析晶活化能为 195.4 kJ/mol，这表明 GC-C 样品易于形核和析晶。GC-C 样品的 Avrami 指数接近 3，其析晶机制为三维析晶。可以推测，一步析晶过程中，GC-C 样品内有大量晶核形成并长大。在形核和析晶过程中，若网络改性体离子在晶相中的化学势高于其在剩余玻璃相中的化学势，网络改性体离子将从晶相中析出并富集于晶核或晶体颗粒周边的玻璃相中，形成富集层。随着形核和析晶过程推进，富集层中网络改性体离子含量逐步升高；晶相组成离子在富集层中的扩散能力增强（表现为析晶活化能下降），从而使晶核或晶体颗粒的生长能力进一步增强；基础玻璃的形核和析晶过程在同一温度下完成。

对 GC-C 样品，若存在上面假设的快速扩散层，将有以下试验现象：

（1）一步析晶过程中，Na^+ 会富集在微晶颗粒周边的剩余玻璃相中；

（2）析晶末期，富含 Na^+ 的剩余玻璃相会转变为含 Na^+ 的晶相。

为验证快速扩散层猜想，本研究将 GC-3 样品升温至 700 ℃ 保温 25 min，得到未完全析晶的样品，用 SEM 和 EDXS 分析样品中 Na^+ 的分布。图 4-23（a）所示为 GC-C 样品的 SEM 和 EDXS 线分析结果，可以看出剩余玻璃相中 Na^+ 含量高于微晶中 Na^+ 含量，这符合预测现象（1）。为验证预测现象（2），本研究利用高温 XRD 分析 GC-C 样品的析晶过程。由图 4-23（b）可以看出，在 700 ℃ 保温过程中，GC-C 样品先析出石英相再析出透辉石相。当透辉石相的衍射峰强度达到最高且相对稳定后，有少量的硅酸钠相和铝硅酸钠相析出。由此可知，在 GC-C 基础玻璃的形核和前期析晶过程中，Na^+ 未进入晶核相和透辉石相；随着形核和析晶过程推进，Na^+ 逐步富集于晶核周围的剩余玻璃相中；析晶末期，Na^+ 与剩余的硅、铝等结合形成富钠相。这直接证实预测（2）。综上所述，Na^+ 在微晶玻璃形核和析晶过程中诱导形成了快速扩散层。

由图 4-23（c）和（d）可知，同时添加 Na_2O 和 CaF_2 的 GC-D 样品在形核和析晶过程中也出现了上述的试验现象，这表明 GC-D 样品在析晶过程中也形成了快速扩散层。EDXS 线分析结果表明，F^- 含量在微晶相和剩余玻璃相之间未出现明显波动。由图 4-23（d）可知，GC-D 在结晶末期析出了少量的枪晶石相和铝硅酸钠相。

依据以上分析，本研究建立了"快速扩散层模型"，如图 4-24 所示。通过优化配方构筑快速扩散层，可提升基础玻璃的一步析晶能力，实现缩短工艺流程、降低能耗。

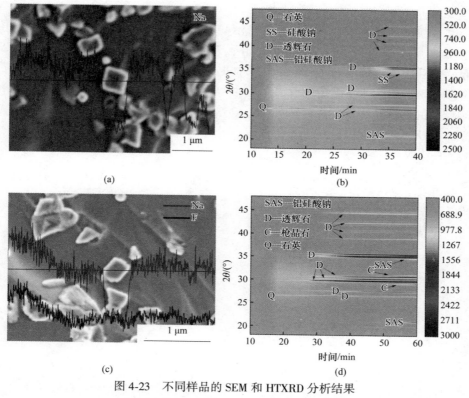

图 4-23 不同样品的 SEM 和 HTXRD 分析结果

（a）GC-C 的 SEM 图像；（b）GC-C 的 HTXRD 图像；

（c）GC-D 的 SEM 图像；（d）GC-D 的 HTXRD 图像

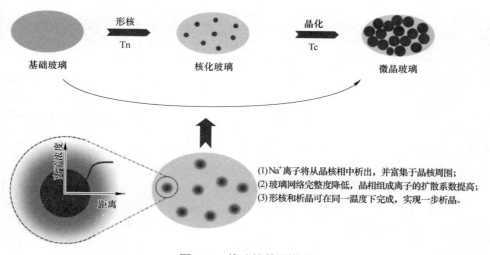

图 4-24 快速扩散层模型

C 一步热处理析晶动力学研究

将 37.8% 不锈钢渣、14% 酸洗污泥和 48.2% 废玻璃混匀，之后在马弗炉中升温至 1460 ℃ 熔融并保温 2 h，得到玻璃液。接着，将玻璃液直接水淬，得到基础玻璃。最后将基础玻璃加热至 120 ℃ 保温 12 h 后磨细、过 74 μm（200 目）筛，得到基础玻璃粉末。基础玻璃的 DSC 分析结果如图 4-25 所示，可以看出，基础玻璃样品的玻璃转变温度（T_g）和析晶放热峰（T_p）分别位于 630.8~636.5 ℃ 和 798.7~844.9 ℃。

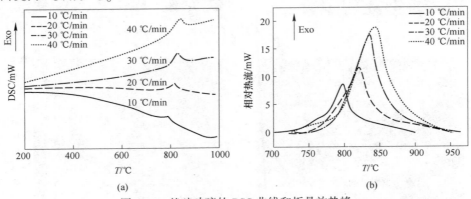

图 4-25 基础玻璃的 DSC 曲线和析晶放热峰

（a）DSC 曲线；（b）析晶放热峰

根据基础玻璃的 DSC 测试结果，计算的基础玻璃析晶动力学参数见表 4-6。基础玻璃析晶活化能较低，表明样品中离子扩散比较容易，成核和晶体生长能力强；基础玻璃 Avrami 指数为 4.39，表明其是连续形核和三维晶体生长。

表 4-6 基础玻璃的析晶动力学参数

样 品	$E_a / kJ \cdot mol^{-1}$	n
基础玻璃	152.79	4.39

根据图 4-25（b），样品的结晶度可由式（4-39）计算：

$$\chi(T) = \frac{A_T}{A_{total}} \tag{4-39}$$

式中 $\chi(T)$——温度为 T 时，样品的结晶度；

A_T——析晶起始温度至温度 T 的放热峰积分面积；

A_{total}——析晶放热峰的总积分面积。

基础玻璃的 $\chi(T)$-T 曲线如图 4-26 所示。由图可以看出，各升温速率下，基础玻璃的 $\chi(T)$-T 曲线都呈 S 形。当 $\chi(T) < 0.1$ 时，S 曲线的切线斜率随温度升高而升高，但绝对值较低。这表明微晶形核初期，样品中晶核颗粒的形成速率有增大趋势，但是表观结晶速率较小。当 $0.1 < \chi(T) < 0.8$ 时，$\chi(T)$ 增大速率快，其

切线斜率迅速增大。这表明该温度范围内，微晶相加速析出。当 $\chi(T)>0.8$ 时，S 曲线趋于平缓，表明析晶末期，析晶速率下降。综上所述，二元碱度为 1 的含铬钢渣微晶玻璃析晶较易；其"形核-析晶"机制为连续形核和三维晶体生长。

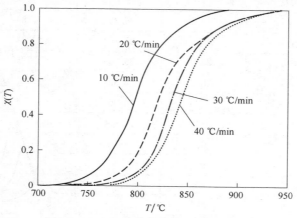

图 4-26　GC-2 基础玻璃的 $\chi(T)$-T 曲线

D　非等温析晶机制

本研究采用原位高温 X 射线衍射方法（HTXRD），分析了非等温过程目标基础玻璃的"形核-析晶"过程。HTXRD 实验的过程如下：以 10 ℃/min 的升温速率将样品升温至 600 ℃后，保温 2 min；恒温采集 XRD 图谱 3 min；再以 10 ℃/min 的升温速率升温至某一温度，保温 2 min，采谱 3 min；最后一组 HTXRD 数据的采集温度为 800 ℃。基础玻璃 HTXRD 分析结果如图 4-27 所示。由图可以看出，600 ℃时，基础玻璃样品为非晶态；随温度升高，基础玻璃中首先析出石英相，其含量随温度先升高后降低。

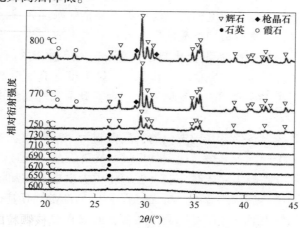

图 4-27　基础玻璃 HTXRD 图谱

各晶相最强衍射峰面积与相关参数见表 4-7。

表 4-7 各晶相最强衍射峰面积及相关参数

物相	温度	面积（计数）	$2\theta/(°)$	d/nm	半峰宽/(°)
石英	600	402	26.355	0.33789	0.080
	650	666	26.367	0.33774	0.090
	670	826	26.366	0.33775	0.107
	690	864	26.355	0.33789	0.106
	710	873	26.367	0.33774	0.105
	730	359	26.366	0.33775	0.061
	750	0	—	—	—
辉石	710	0	—	—	—
	730	1858	29.533	0.30201	0.196
	750	7404	29.616	0.30138	0.161
	770	22672	29.641	0.30113	0.149
	800	25724	29.643	0.30111	0.120
枪晶石	750	0	—	—	—
	770	1787	29.027	0.30731	0.144
	800	2993	29.023	0.30741	0.135
霞石	750	0	—	—	—
	770	1947	21.179	0.41921	0.169
	800	2773	21.167	0.41939	0.123

由表 4-7 可以看出，当温度升高至 730 ℃时，辉石相开始出现，基础玻璃中石英相含量明显降低。随着温度继续升高，辉石相衍射峰面积显著增加，且样品中无杂相析出。这表明基础玻璃析晶前期，辉石晶核形成后迅速长大。当温度升至 800 ℃时，辉石相最强峰面积变化趋于平缓，这表明此时辉石相析晶接近完成。由此可知，辉石相在形核完成后，析晶速率随温度升高而升高。此外，霞石相和枪晶石相分别在 770 ℃和 800 ℃时开始出现，其最强峰面积也随温度升高而增加。

综上所述，非等温条件下基础玻璃的析晶机制为：基础玻璃先分相形成石英相，再从石英相中析出辉石晶核，达到临界尺寸的辉石晶核通过离子扩散作用开始生长，当辉石相析晶趋于完成时，剩余玻璃相中析出霞石相和枪晶石相。因晶核相与主晶相均为单斜晶系的辉石，析晶过程中 Ca^{2+}、Mg^{2+} 等晶相组成离子可直接扩散并附着于晶核表面，与硅氧四面体结合，形成辉石。该过程不易产生层错与相界面，因此辉石的析晶自由能低，这也是辉石相的生长速率随析晶过程推进，呈几何级数上升的诱因。析晶末期，剩余玻璃相中，晶相组成离子含量低，当 Ca^{2+}、Mg^{2+} 等晶相组成离子在辉石晶体表面的吸附与解吸过程达到平衡时，辉石相结晶停止。此时，剩余玻璃相中的 F^-、Ca^{2+}、Na^{2+} 等离子与硅氧四面体结合形成枪晶石相和霞石相。

E　等温析晶机制

将 37.8%不锈钢渣、14%酸洗污泥和 48.2%废玻璃混匀后装入刚玉坩埚，在马弗炉中升温至 1460 ℃熔融并保温 2 h，得到玻璃液。接着，将玻璃液直接水淬，得到基础玻璃。最后，将基础玻璃在 780 ℃保温一定时间后烘干、磨细、过筛，得到基础玻璃粉末。不同保温时间下微晶玻璃样品的 XRD 结果如图 4-28 所示，物相的晶胞参数见表 4-8。由图 4-28 可知，等温析晶过程中，石英相 A 首先从基础玻璃中析出。随保温时间的延长，石英相衍射峰有向低衍射角方向移动的趋势。由表 4-8 可知，后析出的石英 B 相晶胞参数较石英 A 大，这表明石英 B 相中固溶离子的浓度较高。保温 15 min 时，玻璃相中开始析出含铁透辉石相。保温 20 min 时，含铁透辉石相含量升高，石英相含量降低。保温 30 min 时，含铁透辉石相转变为辉石相。保温至 40 min 时，辉石相发生同系转变。霞石相和枪晶石相分别在保温 40 min、60 min 时开始出现。

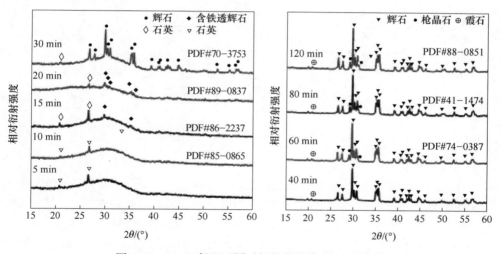

图 4-28　780 ℃保温不同时间的微晶玻璃 XRD 图谱

透辉石属于辉石相，其和辉石相的区别在于辉石相中置换或固溶离子的种类和浓度不同。由表 4-8 可知，透辉石和辉石相中 Fe 取代量变化明显。随保温时间增加，辉石相中 Fe 离子主要取代 Mg 离子，并与 O 离子形成 6 配位八面体，起到链接 Si-O 四面体作用。

表 4-8 各晶相的晶胞参数及所属晶系

结 晶 相	$a \times b \times c$	$\alpha \times \beta \times \gamma$	空间群
石英-A	$4.9 \times 4.9 \times 5.4$	$90 \times 90 \times 120$	P3121 (152)
石英-B	$4.913 \times 4.913 \times 5.404$	$90 \times 90 \times 120$	P3121 (152)
$Ca_{0.991}(Mg_{0.641}Fe_{0.342})(Si_{1.6}Fe_{0.417})O_6$	$9.801 \times 8.9 \times 5.321$	$90 \times 105.856 \times 90$	C2/c (15)
$CaMg_{0.74}Fe_{0.25}Si_2O_6$	$9.75 \times 8.901 \times 5.274$	$90 \times 106 \times 90$	C2/c (15)
$Ca(Mg,Fe,Al)(Si,Al)_2O_6$	$9.743 \times 8.894 \times 5.272$	$90 \times 106.111 \times 90$	C2/c (15)
$Ca_4Si_2O_7F_2$	$10.909 \times 10.547 \times 7.539$	$90 \times 109.59 \times 90$	P21/c (14)

综上所述，等温条件下含 Cr 危固微晶玻璃的析晶机制为：基础玻璃先分相形成石英相，再形成高铁含量的透辉石；随着析晶过程的推进，透辉石相中铁取代量降低，形成单斜辉石（编号为 PDF#41-1483），剩余玻璃相最终析晶为霞石和枪晶石相。等温析晶机制过程如图 4-29 所示。

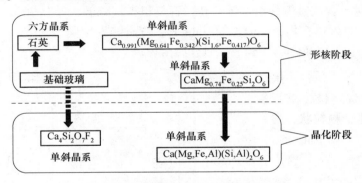

图 4-29 等温析晶过程中的晶相变化

F 一步热处理工艺

在基础玻璃非等温、等温析晶机制的研究基础上，本项目开展了一步热处理技术的研究。将基础玻璃以 10 ℃/min 的升温速率升温至目标温度并保温 1 h，接着随炉冷却后得到微晶玻璃样品。不同温度下样品的 XRD 图谱如图 4-30 所示。

由图 4-30 可以看出，基础玻璃样品的 XRD 图谱中无衍射峰，表明其仍为非晶态。热处理温度 705 ℃时，样品中有透辉石相析出。当热处理温度继续升高，705 ℃升至 730 ℃温度范围，微晶玻璃主晶相由透辉石变为辉石，最强衍射峰有向高衍射角方向偏移的趋势。这是由于初生相透辉石中 Fe 离子取代量大，导致晶胞参数和晶面间距增大。在 730 ℃至 930 ℃温度范围时，样品主晶相为辉石，并存在少量枪晶石相。当温度高于 730 ℃时，辉石相的最强衍射峰向低衍射角方向偏移，表明晶胞参数增大，这是由辉石相中空位和夹杂离子的浓度随温度上升而增加所致。

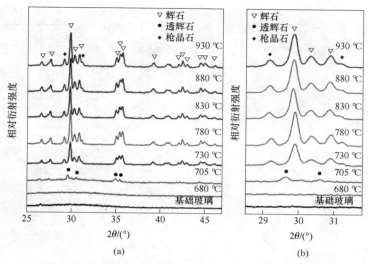

图 4-30　不同温度保温 1 h 的微晶玻璃 XRD 图谱与最强峰细节

（a）XRD 图谱；（b）最强峰细节

　　不同热处理温度下样品的 SEM 形貌如图 4-31 所示，可以看出，基础玻璃样品中未发现晶体颗粒，这与 XRD 分析结果相符。680 ℃ 样品存在少量尺寸小于 100 nm 的微晶颗粒，表明此时基础玻璃的析晶能力较弱。当温度升至 705 ℃ 时，样品中晶体呈颗粒状，含量仍然较低。当温度超过 730 ℃ 时，析晶颗粒呈类球状，尺寸为 1~2 μm，这证明其遵循三维生长机制。此外，所有样品的微晶颗粒未出现异常长大的现象，表明微晶颗粒的热稳定性较好。

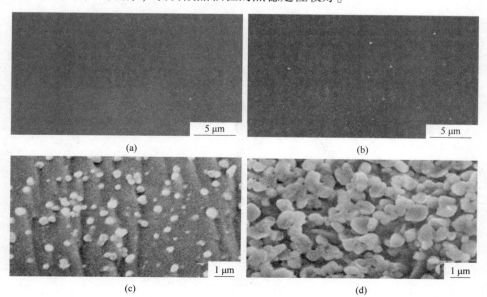

图 4-31 不同温度保温 1 h 的微晶玻璃显微组织

(a) 600 ℃；(b) 680 ℃；(c) 705 ℃；(d) 730 ℃；(e) 780 ℃；(f) 830 ℃；(g) 880 ℃；(h) 930 ℃

不同温度热处理后样品的性能如图 4-32 所示。由图可以看出，随着温度的升高，样品的密度和硬度呈现先升高后降低的趋势。这是由于，随着温度的升高，高密度和硬度的辉石相含量逐渐增加，这也导致样品在初始阶段性能的提

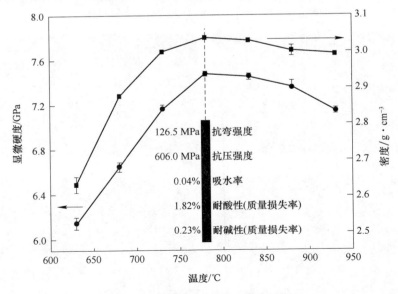

图 4-32 微晶玻璃样品的综合性能

高。当温度继续升高，辉石相中空位和杂质离子的饱和浓度显著升高，进而导致了样品的密度和硬度下降。780 ℃时样品具有最优的性能：密度 3.036 g/cm³，硬度 7.44 GPa，抗弯强度 126.5 MPa，抗压强度 606 MPa，吸水率 0.04%，耐酸性 1.82%，耐碱性 0.23%，此外，重金属 Cr、Ni、Cu 的浸出浓度分别为 0.13 mg/L、0.04 mg/L 和 0.25 mg/L，满足美国 TCLP 标准要求。

4.5.3 Cr 在微晶玻璃中的赋存状态与稳定性机理

将 CaO 23.01 g、MgO 15.10 g、SiO₂ 44.88 g、Cr₂O₃ 1 g 混匀、入炉，以 7 ℃/min 的升温速率升温至 1480 ℃保温 2.5 h。接着，将玻璃熔体浇注到预热至 600 ℃的模具中保温 30 min，并随炉冷却至室温，得到基础玻璃。将所得基础玻璃升温至 700 ℃并保温 4 h，得到核化玻璃。核化玻璃继续升温至 850 ℃保温 4 h 完成析晶，随炉冷却至室温，得到微晶玻璃。上述基础玻璃、核化玻璃和微晶玻璃样品的 XRD 图谱如图 4-33 所示。由图可以看出，基础玻璃呈非晶态，核化玻璃中有少量石英相析出，微晶玻璃中透辉石相的析出量明显增加。

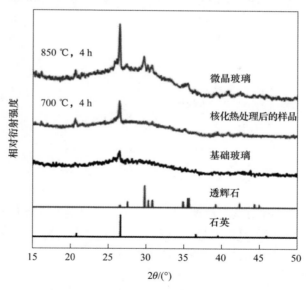

图 4-33　基础玻璃、核化玻璃和微晶玻璃的 XRD 图谱

微晶玻璃样品断面经 1% HF 腐蚀 30 s 后的 SEM 形貌如图 4-34 所示。由图可以看出，样品中透辉石微晶的颗粒尺寸为 100~200 nm。图 4-34 (b) 中圆圈标出的高亮白点为富铬区，其周围的背散射电子相亮度明显降低。这表明：微晶玻璃形核和析晶过程中，铬从玻璃相中析出并富集，导致周边区域的铬含量降低。由球形暗区的局部放大图（见图 4-34 (c)）可以看出，球形区域内铬含量呈现由

中心向外逐步降低的趋势。

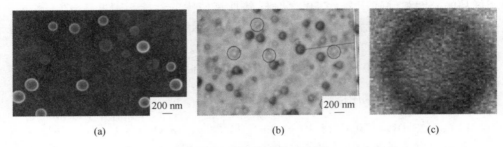

(a)   (b)   (c)

图 4-34   微晶玻璃的 SEM 图

（a）二次电子像；（b）背散射电子像；（c）背散射像的局部图

结合之前的研究结果，透辉石型含铬微晶玻璃形成过程如图 4-35 所示。形核阶段，铬由基础玻璃中析出并形成富铬区。富铬区周围硅含量增加，形成了高硅层。随"形核-析晶"过程的进行，富铬区结晶为透辉石。但由于高硅层的存在，透辉石微晶颗粒生长受到限制，因此最终形成"铬核-高硅壳"微晶颗粒。

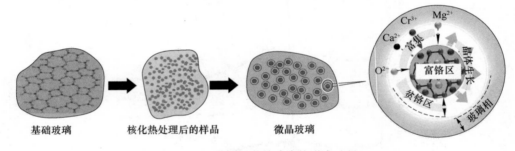

基础玻璃   核化热处理后的样品   微晶玻璃

图 4-35   透辉石微晶玻璃的形成过程

本研究所得的透辉石微晶玻璃中，富铬区中铬可能的存在形式为：

（1）铬取代硅氧四面体中硅的位置，形成铬氧四面体；

（2）铬充当玻璃网络改性体链接硅氧四面体。

将某一区域中的铬浸出时需要克服的阻碍值用 R 表示，则有：

（1）当铬位于剩余玻璃相时，其浸出阻碍值为：

$$R = R_1 \qquad (4\text{-}40)$$

式中 R——铬浸出的总浸出阻碍值；

　　　 R_1——剩余玻璃相区中铬的浸出阻碍值。

（2）当铬位于高硅层时，其浸出阻碍值为：

$$R = R_1 + R_2 \qquad (4\text{-}41)$$

式中 R_2——玻璃壳层中铬的浸出阻碍值。

（3）当铬位于富铬区时，其浸出阻碍值又有两种情况。

1）当铬取代硅形成铬氧四面体时，铬浸出阻碍值为：

$$R = R_1 + R_2 + R_3 + R_a \qquad (4\text{-}42)$$

式中 R_3——富铬区中铬的浸出阻碍值；

        R_a——铬氧四面体中铬的浸出阻碍值；

2）当铬充当玻璃网络改性体链接硅氧四面体时，铬的浸出阻碍值为：

$$R = R_1 + R_2 + R_3 + R_b \qquad (4\text{-}43)$$

式中 R_b——硅氧四面体链接处铬的浸出阻碍值。

透辉石微晶玻璃中铬的浸出过程如图 4-36 所示。由于透辉石微晶玻璃中铬主要存在于富铬区，高硅层和剩余玻璃相中铬含量较低，且玻璃层硅氧网络完整度高、耐酸性好，因此透辉石微晶玻璃对铬的固化效果比较理想。

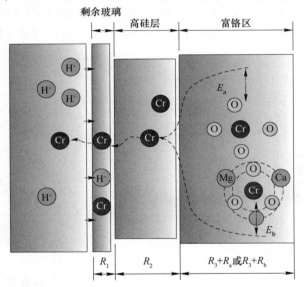

图 4-36   透辉石微晶玻璃中铬的浸出过程

4.6 研究实例——铅锌冶炼渣微晶玻璃的制备与 Pb、Cd 固化机理

4.6.1 烟化渣制备微晶玻璃技术与 Pb 固化机理

将不锈钢渣 8%、烟化渣 46% 和粉煤灰 46% 混合均匀，然后向混合渣中添加不同比例的 PbO，并以此为原料采用熔融法制备微晶玻璃。研究微晶玻璃对 Pb 的固化效果和机理。原料的成分见表 4-9。

表 4-9 实验配料表（质量分数）

样品编号	原 料 组 成	总 Pb 含量/%
GC-P1	1% PbO+99%混合渣	1.72
GC-P2	3% PbO+97%混合渣	3.56
GC-P3	7% PbO+93%混合渣	7.24
GC-P4	13% PbO+87%混合渣	12.76
GC-P5	20% PbO+80%混合渣	19.20
GC-P6	27% PbO+73%混合渣	25.65
GC-P7	34% PbO+66%混合渣	32.09

将原料混匀后在马弗炉中升温至 1460 ℃熔融并保温 2 h。接着，将玻璃液浇注到预热至 600 ℃的模具中，保温 30 min 后随炉冷却，得到基础玻璃。将基础玻璃升温至 850 ℃并保温 2 h，随炉冷却后得到微晶玻璃。不同 PbO 添加量下样品的 XRD 图谱如图 4-37 所示。由图可以看出，不同 PbO 添加量下样品的主晶相为

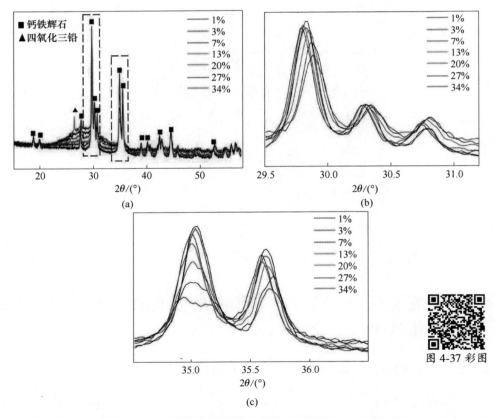

图 4-37 彩图

图 4-37 不同 PbO 添加量（质量分数）下微晶玻璃的 XRD 图谱

（a）全谱；（b）29.5~31.0 衍射区放大图谱；（c）34.5~36.5 衍射区放大图谱

普通辉石相。随着 PbO 添加量的增加，样品中残余玻璃相含量明显增加；普通辉石相"三强衍射峰"位置呈现先向低衍射角方向后向高衍射角方向偏移的趋势，衍射峰强度逐渐减弱，这表明有原子进入普通辉石相的晶格中；普通辉石相的次强衍射峰的峰强逐渐减弱，衍射峰逐渐变宽，最终变为几个相互重叠的衍射峰。

辉石结构中链状硅氧四面体结构可以适应多种阳离子的进入。对于普通辉石 $Ca(Mg,Fe,Ti,Al)Si_2O_6$，8 配位的 Pb^{2+} 的价态和离子半径与 8 配位的 Ca^{2+} 价态和离子半径较为接近，Pb^{2+} 的离子半径略大于 Ca^{2+} 的离子半径，因此，当 PbO 加入量由 1% 增加到 13% 时，Pb^{2+} 取代了晶相中的 Ca^{2+}，形成了置换型固溶体；当 PbO 加入量增加到 34% 时，残余玻璃相和普通辉石微晶相中无法容纳过量的 Pb，于是 Pb 以 Pb_3O_4 形态析出。

不同 PbO 加入量下样品的微观形貌如图 4-38 所示。由图可以看出，当加入量为 1%、3% 时，样品的微观形貌变化不大；当 PbO 的加入量超过 7% 后，样品中可以观察到形状规则的富 Pb 区。

图 4-38 中 A、B、C 和 D 四个点的能谱分析结果见表 4-10。由图 4-38 可以看出，富 Pb 区 Pb 含量远高于原料中 Pb 加入量，富 Pb 区周边区域的 Pb 含量低于 Pb 加入量。这可能是由于此时残余玻璃相和普通辉石晶相中所能容纳的 Pb 量已经饱和，析出的富 Pb 相可能是铅氧化物。

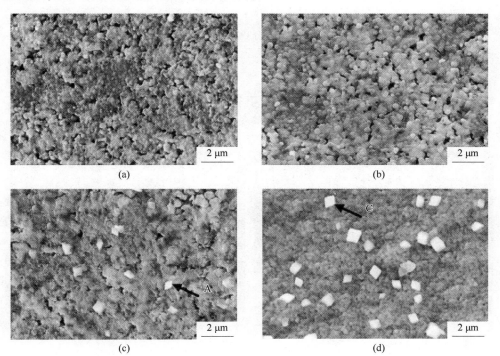

(a)   (b)

(c)   (d)

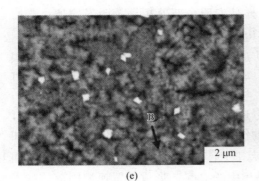

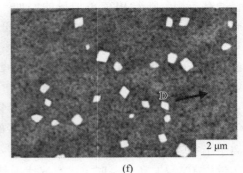

（e）   （f）

图 4-38　不同 PbO 加入量下样品的微观形貌

（a）1%PbO，二次电子像；（b）3%PbO，二次电子像；
（c）7%PbO，二次电子像；（d）13%PbO，二次电子像；
（e）7%PbO，背散射电子像；（f）13%PbO，背散射电子像

表 4-10　能谱分析结果（质量分数）　　　　　　　（%）

元素	A	B	C	D
O	41.48	34.70	40.75	42.43
Si	7.86	17.20	6.32	15.71
Ca	8.27	18.18	5.71	14.13
Fe	8.25	17.05	5.40	16.58
Al	4.50	8.32	3.37	8.52
Pb	29.64	4.55	38.10	2.62

图 4-39 所示为 PbO 添加量为 27%、34%时样品的微观形貌。

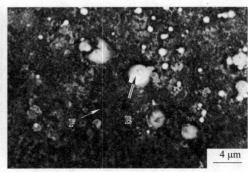

（a）   （b）

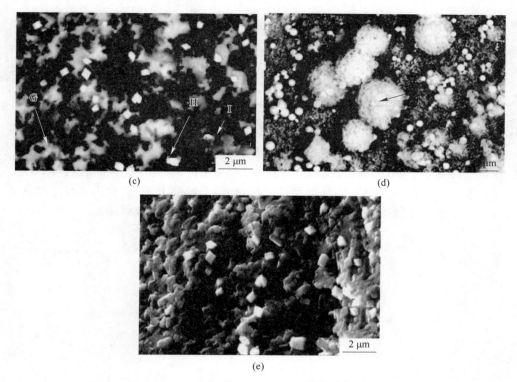

图 4-39   PbO 加入量为 27%、34% 时样品的微观形貌

（a）27%PbO，背散射电子像；（b）27%PbO，背散射电子像；

（c）34%PbO，背散射电子像；（d）34%PbO，背散射电子像；

（e）34%PbO，二次电子像，与（c）区域相同

图 4-39 中 E～J 六个点的能谱分析结果见表 4-11。由图 4-39 可以看出，当 PbO 加入量达到 27% 时，微晶玻璃样品中可以观察到明显的分相现象。图 4-39（c）中可以观察到大片、无规则的高亮区域（形状较为规则的高亮区域应为析出的含 Pb 氧化物），该区域应该是残余玻璃相。由 G 点的能谱分析可知，该区域 Pb 含量约为 20%。因此，PbO 添加量高于 27% 后，分相出现的原因是玻璃相可容纳 Pb 的最大量约为 20%。

表 4-11   能谱分析结果（质量分数）   （%）

元素	E	F	G	H	I	J
O	26.22	38.21	44.58	38.79	50.67	15.60
Si	3.61	14.40	12.14	6.06	12.17	2.11
Ca	6.90	15.09	8.59	5.43	10.76	4.98

元素	E	F	G	H	I	J
Fe	2.99	14.20	7.22	4.84	9.70	2.73
Al	6.35	10.84	9.13	5.42	9.18	6.02
Pb	53.93	7.26	18.34	39.46	7.52	68.66

图 4-40 所示为不同 PbO 加入量时原料与微晶玻璃样品的浸出性能。由图可以看出，随着 PbO 加入量的增加，原料中 Pb 的浸出率显著增加。这表明与 PbO 相比，混合渣中 Pb 的浸出性较低。当 PbO 添加量低于 7% 时，微晶玻璃对 Pb 的固化效果明显；当 PbO 的添加量超过 7% 后，微晶玻璃中 Pb 的浸出率显著增加。这是由于铅氧化物的大量析出，恶化了微晶玻璃对 Pb 的固化效果。

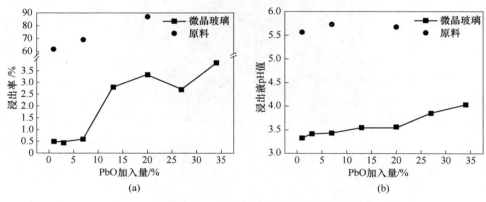

图 4-40 不同 PbO 加入量下原料及微晶玻璃样品的浸出性能
(a) Pb 浸出率；(b) 浸出液 pH 值

4.6.2 Cd 在微晶玻璃中的固化机理

本研究以常见的镉污染物 CdO 为研究对象，研究 Cd 在微晶玻璃中的固化效果和机理。原料的成分见表 4-12，其中，混合渣由 8% 不锈钢渣、46% 烟化渣和 46% 粉煤灰组成。

表 4-12 实验配料表（质量分数）

样品编号	原料组成	总 Cd 含量/%
GC-C1	1% CdO+99% 混合渣	0.88
GC-C2	3% CdO+97% 混合渣	2.63
GC-C3	7% CdO+93% 混合渣	6.13

样品编号	原料组成	总 Cd 含量/%
GC-C4	13% CdO+87%混合渣	11.38
GC-C5	20% CdO+80%混合渣	17.51
GC-C6	27% CdO+73%混合渣	23.64
GC-C7	34% CdO+66%混合渣	29.76

　　将原料混匀后在马弗炉中升温至 1460 ℃熔融并保温 2 h。接着，将玻璃液浇注到预热至 600 ℃的模具中，保温 30 min 后随炉冷却，得到基础玻璃。将基础玻璃升温至 850 ℃并保温 2 h，随炉冷却后得到微晶玻璃。不同 CdO 添加量下样品的 XRD 图谱如图 4-41 所示。

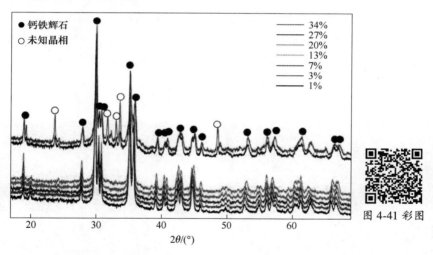

图 4-41　不同 CdO 添加量下样品的 XRD 图谱

　　当 CdO 加入量低于 27%时，微晶玻璃样品的 XRD 图谱中仅能发现普通辉石相的衍射峰。CdO 的加入量达到 27%以上时，样品中开始出现未知相的衍射峰。同时，随着 CdO 添加量的增加，该未知晶相的衍射峰强度显著增强。图 4-42 为样品 XRD 图谱的局部放大图。由图可以看出，随 CdO 加入量的增加，普通辉石相的最强衍射峰和次强衍射峰呈现向大衍射角度偏移的趋势。这可能是由于离子半径较小的 Cd^{2+} 部分取代了晶格中离子半径较大的 Ca^{2+}，形成置换型固溶体。此外，与 Pb 不同，Cd 加入量的变化未对石英相造成明显的影响。由此推断，Cd 的加入没有影响残余玻璃相的含量，这说明残余玻璃相中 Cd 的溶解度较小，大部分 Cd 主要存在于微晶相中。

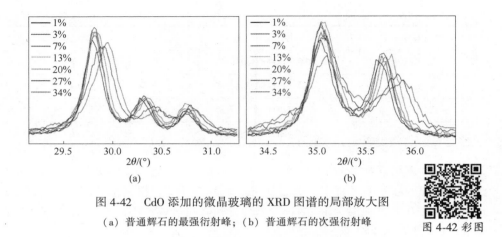

(a) (b)

图 4-42 CdO 添加的微晶玻璃的 XRD 图谱的局部放大图

（a）普通辉石的最强衍射峰；（b）普通辉石的次强衍射峰

图 4-42 彩图

图 4-43 为不同 CdO 添加量下样品的 SEM 形貌照片。由图可以看出，当 CdO 添加量为 1%、3%时，微晶相颗粒大小约为 200 nm；当 CdO 的添加量超过 7%以后，微晶相颗粒尺寸增加明显。结合 XRD 结果可知，这是由于 Cd^{2+} 进入了辉石微晶相，并促进了其的长大。

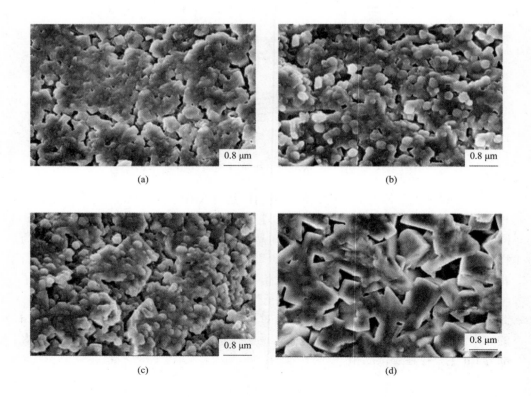

(a) (b)

(c) (d)

图 4-43　不同 CdO 添加量（质量分数）下样品的 SEM 照片
（a）1%；（b）3%；（c）7%；（b）13%；（d）20%；（f）27%；（g）34%

　　图 4-44 所示为不同 CdO 加入量时原料及微晶玻璃样品的浸出性能。由图可以看出，微晶玻璃对 Cd 的固化效果明显。当 CdO 加入量为 1% 时，微晶玻璃中 Cd 的浸出率为 0.81 mg/L，接近 TCLP 浸出毒性标准限值，这说明微晶玻璃对 Cd 的最大固化量约为 1%。当 CdO 添加量低于 13% 时，微晶玻璃中 Cd 的浸出浓度随 CdO 添加量的增加缓慢增长；当 CdO 添加量超过 20% 时，随着 CdO 添加量的增加，微晶玻璃中 Cd 浸出浓度增长迅速。

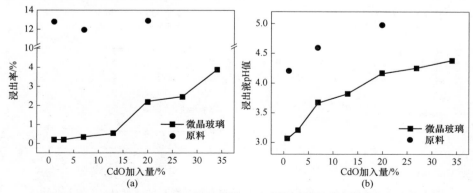

图 4-44　不同 CdO 加入量（质量分数）时原料及微晶玻璃样品的浸出性能
（a）Cd 浸出率；（b）浸出液 pH 值

4.6.3 重金属地质聚合物固化与微晶玻璃固化的对比

4.6.3.1 Pb 在微晶玻璃与地质聚合物中的固化效果对比

图 4-45 所示为不同 Pb 含量条件下，地质聚合物和微晶玻璃对 Pb 浸出浓度和浸出率的影响（Pb 含量以 PbO 调节）。由图可以看出，随着 Pb 含量的增加，微晶玻璃和地质聚合物样品中 Pb 浸出浓度的变化趋势基本相同。这表明 Pb 在两种体系中的可固化量基本相等，约为 2%。此外，与地质聚合物相比，微晶玻璃中 Pb 的浸出浓度更低。这是由于，在地质聚合物中，Pb 仅通过 Pb-O-Si 或 Pb-O-Al 键固化在胶凝网络中；在微晶玻璃中，Pb 可同时进入残余玻璃相和普通辉石相。

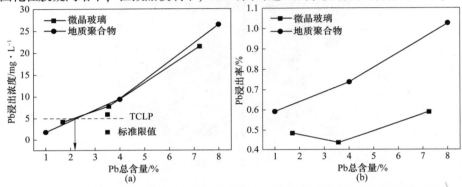

图 4-45 不同 Pb 含量（质量分数）地质聚合物和微晶玻璃对 Pb 浸出性的影响
（a）Pb 浸出浓度；（b）Pb 浸出率

4.6.3.2 Cd 在微晶玻璃与地质聚合物中的固化效果对比

图 4-46 所示为不同 Cd 含量条件下，地质聚合物和微晶玻璃对 Cd 浸出浓度和浸出率的影响（Cd 含量以 CdO 调节）。由图可以看出，微晶玻璃对 Cd 的固化效果更好，对 Cd 的可固化量更大。这是由于大部分 Cd 进入了微晶相，少部分 Cd 残留在残余玻璃相中；而地质聚合物仅可对加入的 CdO 起到物理包覆的作用。

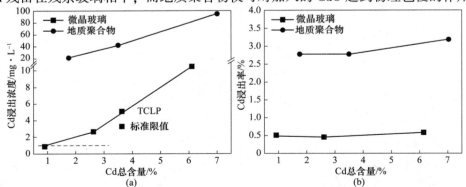

图 4-46 不同 Cd 含量（质量分数）地质聚合物和微晶玻璃对 Cd 浸出性的影响
（a）Cd 浸出浓度；（b）Cd 浸出率

参 考 文 献

［1］ Zhang Z, Wang J, Liu L, et al. Preparation and characterization of glass-ceramics via co-sintering of coal fly ash and oil shale ash-derived amorphous slag ［J］. Ceram Int, 2019, 45 （16）: 20058-20065.

［2］ Jia R, Deng L, Yun F, et al. Effects of SiO_2/CaO ratio on viscosity, structure, and mechanical properties of blast furnace slag glass ceramics ［J］. Mater Chem Phys, 2019, 233: 155-162.

［3］ Golubev N V, Ignat'Eva E S, Mashinsky V M, et al. Pre-crystallization heat treatment and infrared luminescence enhancement in Ni^{2+}-doped transparent glass-ceramics ［J］. Non-Cryst Solids, 2019, 515: 42-49.

［4］ Niu L, Zhu C, Zhang M, et al. Eu and Dy doped borophosphosilicate glass-ceramics for near ultraviolet based light-emitting diode applications ［J］. Vacuum, 2019, 169: 108877.

［5］ Marcondes L M, Evangelista R O, Goncalves R R, et al. Er^{3+}-doped niobium alkali germanate glasses and glass-ceramics: NIR and visible luminescence properties ［J］. Non-Cryst Solids, 2019, 521: 119492.

［6］ Gali S, K R. Zirconia toughened mica glass ceramics for dental restorations: wear, thermal, optical and cytocompatibility properties ［J］. Dent Mater, 2019, 35 （12）: 1706-1717.

［7］ Jiang D, Chen J, Lu B, et al. Preparation, crystallization kinetics and microwave dielectric properties of $CaO-ZnO-B_2O_3-P_2O_5-TiO_2$ glass-ceramics ［J］. Ceram Int, 2019, 45 （7）: 8233-8237.

［8］ Luo W, Bao Z, Jiang W, et al. Effect of B_2O_3 on the crystallization, structure and properties of $MgO-Al_2O_3-SiO_2$ glass-ceramics ［J］. Ceram Int, 2019, 45 （18）: 24750-24756.

［9］ Krieke G, Antuzevics A, Springis M, et al. Upconversion luminescence in transparent oxyfluoride glass ceramics containing hexagonal $NaErF_4$ ［J］. Alloy Compd, 2019, 798: 326-332.

［10］ Peng X, Pu Y, Du X. Effect of K_2O addition on glass structure, complex impedance and energy storage density of $NaNbO_3$ based glass-ceramics ［J］. Alloy Compd, 2019, 785: 350-355.

［11］ 孙强强, 杨文凯, 李兆, 等. 利用铁尾矿制备微晶泡沫玻璃的热处理工艺研究 ［J］. 矿产保护与利用, 2020, 40 （3）: 69-74.

［12］ 孙强强, 杨文凯, 李兆. 低硅铁尾矿高强度微晶泡沫玻璃的研制 ［J］. 商洛学院学报, 2020, 34 （4）: 26-32.

［13］ 张雪峰, 崔泽波, 贾晓林, 等. Cr_2O_3 对尾矿氟金云母微晶玻璃电学性能和切削性能的影响 ［J］. 材料导报, 2019, 33 （6）: 970-974.

［14］ 徐硕, 杨金林, 马少健. 粉煤灰综合利用研究进展 ［J］. 矿产保护与利用, 2021, 41 （3）: 104-111.

［15］ 段欣然, 王玮, 张阳. 利用冶金工业废渣制备建材玻璃的研究 ［J］. 建材与装饰, 2019 （5）: 41-42.

［16］贺东风，潘江涛，曾凡博. 中钛型含钛高炉渣制微晶玻璃及其性能研究［J］. 材料导报，2017，31（1）：126-129，149.

［17］卢安贤，胡晓林，郝小军. 高结晶度透明微晶玻璃研究新进展［J］. 中国材料进展，2016，35（12）：927-931.

［18］孙涛，陈上，丁心雄. 碳酸锰矿浮选尾矿微晶玻璃的制备及其性能研究［J］. 中国锰业，2016，34（6）：110-112，115.

［19］Păcurariu C, Lazău I. Non-isothermal crystallization kinetics of some glass-ceramics with pyroxene structure［J］. Non-Cryst Solids, 2012, 358（23）：3332-3337.

［20］Danewalia S S, Kaur S, Bansal N, et al. Influence of TiO_2 and thermal processing on morphological, structural and magnetic properties of Fe_2O_3/MnO_2 modified glass-ceramics［J］. Non-Cryst Solids, 2019, 513：64-69.

［21］Luo Z, Liang H, Qin C, et al. Crystallization kinetics and phase formation of Li_2O-SiO_2-Si_3N_4 glass-ceramics with P_2O_5 nucleating agent［J］. Alloy Compd, 2019, 786：688-697.

［22］Fan C, Li K. Production of insulating glass ceramics from thin film transistor-liquid crystal display（TFT-LCD）waste glass and calcium fluoride sludge［J］. Clean Prod, 2013, 57：335-341.

［23］Guo H W, Gong Y X, Gao S Y. Preparation of high strength foam glass-ceramics from waste cathode ray tube［J］. Mater Lett, 2010, 64（8）：997-999.

［24］Zhao Y, Chen D, Bi Y, et al. Preparation of low cost glass-ceramics from molten blast furnace slag［J］. Ceram Int, 2012, 38（3）：2495-2500.

［25］Ventura J M G, Tulyaganov D U, Agathopoulos S, et al. Sintering and crystallization of akermanite-based glass-ceramics［J］. Mater Lett, 2006, 60（12）：1488-1491.

［26］Rawlings R D, Wu J P, Boccaccini A R. Glass-ceramics：their production from wastes—A review［J］. Mater Sci, 2006, 41（3）：733-761.

［27］Richards V N, Shields S P, Buhro W E. Nucleation control in the aggregative growth of bismuth nanocrystals［J］. Chem Mater, 2011, 23（2）：137-144.

［28］Choi B K, Jang S W, Kim E S. Dependence of microwave dielectric properties on crystallization behaviour of $CaMgSi_2O_6$ glass-ceramics［J］. Mater Res Bull, 2015, 67：234-238.

［29］Qian G, Song Y, Zhang C, et al. Diopside-based glass-ceramics from MSW fly ash and bottom ash［J］. Waste Manage, 2006, 26（12）：1462-1467.

［30］Aloisi M, Karamanov A, Taglieri G, et al. Sintered glass ceramic composites from vitrified municipal solid waste bottom ashes［J］. Hazard Mater, 2006, 137（1）：138-143.

［31］Patzig, Christian, Dittmer, et al. Crystallization of ZrO_2-nucleated MgO/Al_2O_3/SiO_2 glasses-a TEM study［J］. Cryst Eng Comm, 2014, 16（29）：6578-6587.

［32］Ventura J M G, Tulyaganov D U, Agathopoulos S, et al. Sintering and crystallization of akermanite-based glass-ceramics［J］. Materials Letters, 2006, 60（12）：1488-1491.

5　水泥固化技术

5.1　水泥的定义和分类

　　水泥是粉状水硬性无机胶凝材料，加水搅拌后成浆体，能在空气中硬化或者在水中更好的硬化，并能把砂、石等材料牢固地胶结在一起。早期石灰与火山灰的混合物与现代的石灰火山灰水泥很相似，用它胶结碎石制成的混凝土，硬化后不但强度较高，而且还能抵抗淡水或含盐水的侵蚀。长期以来，它作为一种重要的胶凝材料，广泛应用于土木建筑、水利、国防等工程。

　　水泥的种类很多，已达100多种[1-2]，按其用途和性能可以分为通用水泥、专用水泥和特性水泥三大类。通用水泥一般用在土木建筑工程上，主要包括普通硅酸盐水泥、矿渣硅酸盐水泥、粉煤灰硅酸盐水泥、火山灰硅酸盐水泥等。专用水泥是指具有专门用途的水泥，比如砌筑水泥、油井水泥、道路水泥、大坝水泥等。特性水泥是指某种特性比较突出的水泥，比如弹力水泥、木质水泥、变色水泥、夜光水泥等。

　　按所含的主要水硬性矿物不同，水泥又可以分为硅酸盐水泥、铝酸盐水泥、硫铝酸盐水泥、氟铝酸盐水泥、石膏矿渣水泥、石灰火山灰水泥等。

5.2　水泥固化技术发展现状

　　水泥固化是废物固化处理的一种方法，也是危险废物无害化、稳定化处理的一种方法。水泥固化法常用于固化含有有害物质的污泥，水泥同污泥中的水分发生反应产生凝胶化，把含有有害物质的污泥微粒分别包覆并逐渐硬化，这种固化体的结构主要是在水泥水化反应产生的 $3CaO \cdot SiO_2$ 结晶体之间包进了污泥的微粒，因此，即使固化体破裂或粉碎并浸入水中，也可减少有害物质的浸出。在水泥固化过程中，由于废物组成的特殊性，常会遇到混合不均匀、过早或过迟凝固、有害物质的浸出率较高、强度较低等问题。为了改善固化物性能，在固化过程中可适当加入一些添加剂，如沸石、黏土、缓凝剂或速凝剂、硬脂酸丁酯等。

5.2.1　水泥固化的基本理论

　　水泥固化技术研究起步较早，其原理是将重金属废物与水泥等胶凝材料混合，在常温条件下形成固化体后，将废物固定或包容在固化体介质中[3]。普通硅酸盐水泥在水化过程中发生的主要反应如图 5-1 所示。水泥固化设备简单，生产能力大，投资和运行费用低，无废气净化问题，原料易得，固化生产过程中二次污染少[4]，被广泛认为是一种经济有效的固化方法。

水泥固化体的化学稳定性直接关系到其中重金属离子的浸出，硬化水泥浆体的孔隙率和孔结构是控制物质传递速率的主要因素。水泥成型时的水灰比和成型条件决定固化体的孔结构，而孔结构又影响固化体的物理化学性能，如密度、抗压强度、热稳定性和耐久性等。因此，孔隙率是影响水泥固化材料化学稳定性的关键参数之一。

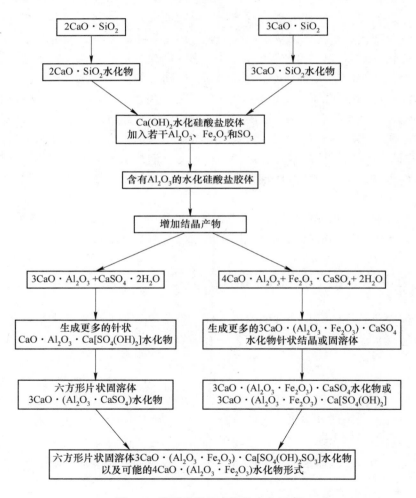

图 5-1 普通硅酸盐水泥的水化过程

5.2.2 水泥固化的影响因素

(1) pH 值。因为大部分金属离子的溶解度与 pH 值有关，所以对于金属离子的固定，pH 值有显著的影响。当 pH 值较高时，多数金属离子形成氢氧化物沉淀，而且 pH 值高时，水中的 CO_3^{2-} 浓度也高，有利于生成碳酸盐沉淀。应该注意的是，pH 值过高时，会形成带负电荷的羟基络合物，溶解度反而升高。

(2) 水灰比。一般水灰比控制在 1:2 左右时水泥具有良好的和易性，过大易浸水。

(3) 水泥和废物比。水泥和废物比是影响固化性能的重要因素。被处理的有害废物中往往含有妨碍水合反应的物质，为不影响固化物的强度，可适当加大水泥配比。

(4) 凝固时间。为确保水泥-废物料有适宜的流动性，以免在运输、桶装或现场浇注过程中凝结，必须控制初凝时间和终凝时间。一般初凝应大于 2 h，终凝在 48 h 以内。操作可根据具体情况选择合适的缓凝剂、促凝剂与减水剂加以控制。

(5) 添加剂。为保证固化体的性能，固化时需根据废物的性质，选择适当的添加剂以保证有适宜的凝固时间，且不产生膨胀破裂等影响固化物性能的不利因素。添加剂可分成促凝剂、缓凝剂、减水剂、吸附剂、乳化剂等，使用时可根据实验确定。

(6) 养护条件。养护是固化操作的重要一环，其条件一定要适当地控制。水泥固化一般在室温下进行，相对湿度为 80% 以上，养护时间为 28 d。

(7) 固化体性能。固化体性能是固化操作最重要的控制指标，包括机械强度和抗浸出性。其具体要求视最终处置或使用决定，可通过调节废物-水泥-添加剂-水的配比来控制。最终进行土地填埋处置的固化体抗压强度要求较低，可控制在 980.7~4903.3 kPa；准备用作建筑基材的固化体则抗压强度要求较高，可在 9.8 MPa 以上。对浸出性能的要求是：浸出液中污染物的浓度应低于相应污染物浸出毒性的鉴别标准。固化体还应该考虑到其抗冻融、抗干湿性。

5.2.3 水泥固化体系

利用水泥固化的方法进行废物处置可以追溯到 1950 年[5]，在 20 世纪 70 年代得到广泛应用。水泥固化不仅可有效地处理各种有害废物，而且可对受污染的泥土进行安全处置，被美国环保局评定为治理 57 种有害废物的最佳应用技术[6]。现有的水泥固化体系主要有硅酸盐水泥、碱矿渣水泥和硫铝酸盐水泥。

5.2.3.1 硅酸盐水泥

硅酸盐水泥也称波特兰水泥，自 1824 年命名以来已经在世界范围内获得了广泛应用。硅酸盐水泥基材的固化机理主要为机械固化、吸附固化和化学固化。机械固化就是靠水泥固化的高致密度阻止有害离子的扩散渗出。为了达到这一目的，必须降低固化体的孔隙率，改善孔结构，尤其要减少大孔和连通孔的比例，增加离子扩散阻力，降低有害离子的扩散渗出率。吸附固化的实质是水泥水化产物对有害离子产生吸附，将其持留在水化产物中，从而达到固化的目的。化学固化是指有害离子在水泥水化硬化的过程中，与水泥水化产物反应生成新的矿物。与前两种固化方式比较，化学固化方式对有害离子束缚能力最强。

21 世纪初，Cohen 等人[7]研究了铬铁合金烟灰的水泥固化体中铬和锌的溶解性，发现水泥固化可以降低六价铬和锌的溶解性，但固化体中的六价铬并不稳定。

Bulut 等人[8]研究了铬铁合金生产过程中用水泥固化烟灰后六价铬的浸出毒性和稳定化效果，结果表明，六价铬的稳定化效果随水泥和硫酸亚铁用量的增加而增加。最佳的稳定化条件是将 30% 的水泥、16% 的沙石、20% 的 $FeSO_4$ 混合加入烟灰中，固化体可以达到美国环保署所规定的填埋场堆放要求。

意大利科学家利用硅酸盐水泥进行了危险废物固化工艺的研究，结果表明硅酸盐水泥确实能够通过络合作用将重金属离子固定在体系内部，尽管未能定量，但是充分验证了硅酸盐水泥在危险物固化方面的有效性[9]。研究表明，在较高的粉煤灰掺量（50%）情况下，固化体仍然表现出较好的机械特性和污染物抗浸出能力。

Bishop[10]通过实验证实了硅酸盐水泥对金属离子的束缚能力。在实验室中，Bishop 利用硅酸盐水泥对含镉、铬和铅等元素的有害污泥进行的固化，效果显著。结果表明：在维持碱性条件下，镉、铬和铅元素主要被束缚在硅氧四面体结构中，只要该结构存在它们就不会流失。这一研究也为硅酸盐水泥防止核素离子浸出提供了佐证。

我国自 1980 年开始以硅酸盐水泥为基础进行了页岩断裂法的相应研究，所用水泥浆体的基体配比见表 5-1。固化基体与废液之比为 0.71。为了改善固化体性能，实验采用葡萄糖酸内酯作缓凝剂，所得到的固化体的浸出率达到美国橡树岭国家实验室的实际处置水平。

表 5-1　页岩断裂法水泥浆基体配比

原　料	份　数
硅酸盐水泥	2.5~3.5
粉煤灰	1.5~2.5
白土	1.0
沸石	0.5

硅酸盐水泥对重金属离子的固化非常有效，其特有的高 pH 值能够使金属以不溶解的氢氧化物或硅酸盐形式滞留在硬化水泥浆体结构中。

近年来，我国在水泥固化研究方面取得了较大的进展和成果。欧阳峰等人[11]研究表明，将质量分数 10%的含 Cr^{6+} 废弃物掺入水泥生料中，含 Cr^{6+} 废弃物对生料的矿化、助熔作用可有效降低水泥的生产成本。利用含 Cr^{6+} 废弃物替代水泥矿化剂 CaF，每吨熟料能够降低 5%~9%的煤耗，降低 3~5 kW·h 的电耗，而且能减少石灰石、黏土原料用量及矿化剂用量，具有较高的经济效益。吕辉[12]在水泥生料中加入适量含 Cr^{6+} 废弃物，发现其能有效改善生料易烧性，并降低熟料烧成液相出现温度约 50 ℃，有利于提高水泥熟料强度。铬渣可作为水泥混合材料使用，效果比粉煤灰及火山灰好。

但普通硅酸盐水泥固化重金属废弃物存在一些缺点：体积增容是硅酸盐水泥固化技术所必须解决的一个重要问题；硅酸盐水泥硬化体具有较多的毛细孔因而密实度不高，较高毛细孔率使得水泥固化体中的重金属易于解吸溶出；废物或废液的组成比较复杂，普通硅酸盐水泥固化过程中常常会遇到比如拌合不均匀、凝结时间过晚、操作难以控制等困难。

5.2.3.2 碱矿渣水泥

碱矿渣水泥是用碱金属化合物作为碱组分去激发矿渣的潜在胶凝活性而得到的一种水硬性胶凝材料。碱矿渣水泥体系是苏联乌克兰基辅建筑工程学院工学博士 V. D. Glukhovsky 于 1957 年创立。V. D. Glukhovsky 在碱金属化合物与含铝硅酸盐反应过程中，发现了以第一主族元素为基础的碱金属胶凝材料和以第一、第二主族元素为基础碱土金属胶凝材料。这一发现使水硬性胶凝材料由原来的第二主族元素化合物，扩展到第一主族元素化合物，胶凝材料范围因此拓宽，性能也因此更加优越。按照原材料组成的不同分类，水硬性胶凝材料体系可分成两大类：$Me_2O\text{-}Me_2O_3\text{-}SiO_2\text{-}H_2O$（碱金属系列）和 $Me_2O\text{-}MeO\text{-}Me_2O_3\text{-}SiO_2\text{-}H_2O$（碱土金属系列）。

碱矿渣水泥最早可追溯到 1930 年。当时德国的 Kuhl 研究了磨细矿渣粉和氢氧化钾溶液混合物的凝结特性。Chassevent 于 1937 年用氢氧化钠和氢氧化钾溶液检测了矿渣的活性。Purdon 于 1940 年第一次提出对由矿渣和 NaOH，或由矿渣、碱及碱性盐组成的无熟料水泥进行实验室研究。Davidovits 称其研制的新型胶凝材料为地质聚合物，实际上这类胶凝材料从属于 Glukhovsky 所提出的 $Me_2O\text{-}Me_2O_3\text{-}SiO_2\text{-}H_2O$ 系。

1958 年，乌克兰基辅城建总局试生产了第一批碱矿渣混凝土构件，此后，碱矿渣水泥于 1964 年开始工业化生产，品种众多，应用范围也十分广泛。苏联在 1964—1982 年，累计生产了 1.5×10^6 m^3 碱矿渣混凝土。1984 年，苏联颁布实施了有关碱矿渣胶结材、碱矿渣混凝土及其结构的一整套苏联标准，至此，碱矿渣胶凝材料及混凝土的生产、设计和应用进入了正规化阶段。

目前，碱矿渣水泥的研究、生产和应用仍在不断地深入和发展中。我国自20世纪60—70年代开始研究碱矿渣水泥，因当时未充分认识其优越性能，发展较缓慢。20世纪80年代后，重庆大学、南京化工大学、同济大学等高校和苏州混凝土制品研究院等系统研究了矿渣的结构、碱矿渣水泥的水化机理、碱矿渣水泥以及混凝土的制备、物理力学性能和耐久性[13-17]。2004年11月第一届全国化学激发胶凝材料研讨会在南京召开，有效推进了碱矿渣水泥在我国的研究和应用。2014年10月重庆市建筑科学研究院和重庆大学成功召开了"碱性胶凝材料及混凝土国际学术研讨会议"，国内外多位学者分别进行主题演讲，并共同深入探讨了碱性胶凝材料及混凝土领域的科学与技术问题，为碱矿渣水泥在我国的理论研究及工程应用起到了极大的推动作用。

与常用的硅酸盐水泥相比，碱胶凝材料具有独特的水化机理和水化矿物结构，因而具有许多优异的性能。例如，碱矿渣水泥石具有优异的孔结构特征，孔径小于500 μm的微孔数量多，大孔数量少，有利于降低碱矿渣水泥石中Cr^{6+}的浸出；碱矿渣水泥早期强度高，后期强度发展稳定，表现出极好的机械固封作用，能够将Cr^{6+}牢固地封锁在水泥石内，从而减少Cr^{6+}的浸出；碱矿渣水泥水化所生成的主要产物是C-S-H凝胶，且钙硅比（C/S）显著低于普通硅酸盐水泥水化生成的C-S-H，低钙硅比的C-S-H具有更大的比表面积、更高的表面能，相比高钙硅比的C-S-H能够吸附更多的Cr^{6+}，且吸附更牢固。此外，碱矿渣水泥水化形成的C-S-H凝胶具有网笼状微观结构，也有利于对Cr^{6+}的吸附和固溶。

从20世纪70年代末，为高效处置重金属废弃物，国内外开始研究碱性胶结材水化产物对Cr^{6+}的固化及稳定性。不少学者尝试以碳酸钠和水玻璃为激发剂制备碱矿渣水泥，固化Cr^{6+}、Cd^{2+}、Zn^{2+}和Pb^{2+}四种常见的重金属，并对固化机理做了初步的探索，认为碱矿渣凝胶中大量纳米级的微小孔隙对重金属有很大的物理包裹作用。Roy[18]研究发现，碱矿渣硬化浆体中的孔径仅有1.8 nm，微孔小于5 nm，而且这些浆料的微孔体积占其总的孔体积的78%。除了微观结构，浆体的pH值在固结过程中也扮演着重要的角色。高的pH值能保证浆体的某些性能。在高pH值（>12）环境中，重金属水化物的浸出浓度非常低。虽然硅酸盐水泥混凝土拌合物中氢氧化钙的pH值为12.6，在碱矿渣拌合物中，由于碱性激发剂的存在，其pH值一般为12.0~13.7。pH值大小受碱性激发剂的种类（如氢氧化钠、碳酸钠、水玻璃等）和浓度影响。研究表明，碱矿渣浆体的孔隙中存在大量的Na^+，Na^+可以有效使OH^-在碱矿渣胶凝材料水化过程中保持一定的平衡。MalColepszy和Deja研究表明[19]，碱矿渣硬化体中除了C-S-H凝胶之外还存在许多微小的水化钙铝黄长石和钠菱沸石。Wang和Scrivener[20]的一项研究工作表明，无论使用哪种碱激发剂，碱矿渣水泥的主要水化产物凝胶都是具有较低钙硅比的硅酸钙相，在使用 NaOH 和水玻璃作为碱性激发剂的碱矿渣浆体中也形成了水滑石型相。碱矿渣水泥的强度依赖于其化学成分并要求其所组成的系统要具有相对高的铝硅比和足够低的钙硅比。碱矿渣水泥的水化产物可以与一定数量的重金属发生反应并形成致密结构。Palomo 和 Palacios[21]研究指出：当 Cr_2O_3 加入普通硅酸盐水泥时，其会对普通硅酸盐水泥的凝结时间和物理力学性能产生显著的不利影响，而加入碱矿渣水泥时，不仅重金属离子能够被有效固化，而且碱矿渣水泥力学性能会有一定程度的提高。Xu 等人[22]采用基于粉煤灰和偏高岭土的碱胶凝材料固化 Cr^{6+}、Cd^{2+}、Cu^{2+} 和 Pb^{2+} 重金属离子，研究了碱溶液的浓度以及养护时间对固化效应的影响，结果显示该碱性胶凝材料对 Pb^{2+} 和 Cr^{6+} 固化效果优于 Cu^{2+} 和 Cd^{2+}，碱浓度对 Pb^{2+} 和 Cu^{2+} 固化效果影响较小。有研究[23]指出碱矿渣水泥对 Cr^{6+} 的有效固化是因为硫化物的存在，能够将 Cr^{6+} 在还原环境中转换成 Cr^{3+}，从而减少 Cr^{6+} 的溶出。由此可见，碱矿渣水泥在重金属固化中发挥着积极的作用。

近年来，张华等人[24]采用碱矿渣水泥固化含 Cr^{6+} 废弃物，研究了其固化体中 Cr^{6+} 浸出毒性和抗渗性能。由无机化学基本原理可知，碱矿渣水泥的硅酸盐阴离子和铝硅酸盐阴离子与 Cr^{6+} 发生化学反应，形成溶解度极低的化合物，因而降低了 Cr^{6+} 在水介质中的浸出量。普通水泥与活性矿物组成的复合胶凝材料体系对 Cr^{6+} 有一定固化作用，主要通过水化硅酸钙凝胶对 Cr^{6+} 的吸附作用实现。相比而言，碱矿渣水泥的水化硅酸钙凝胶具有更低钙硅比和更高的表面能，因而对重金属离子具有更强的吸附能力。其另一类水化产物-沸石类矿物具有丰富的空腔结构，类似天然沸石，对重金属离子也有很强的化学吸附能力。碱矿渣水泥水化形成的 C-S-H 凝胶具有网笼状微观结构，能包裹一定量 Cr^{6+}。因此，碱矿渣水泥体系对 Cr^{6+} 具有更强的固化效应。综上所述，碱矿渣水泥对 Cr^{6+} 进行固化，在技术、环境、经济三方面具有极大的优势，其固化效果可与玻璃固化和陶瓷固化相媲美。

5.2.3.3 硫铝酸盐水泥

硫铝酸盐水泥属于新水泥品种，是以一定比例的石灰石、矾土和石膏为原料，在高温（1300~1350 ℃）下煅烧而成的以 C_2S（$2CaO \cdot SiO_2$）和 C_4A_3S（$3CaO \cdot 3Al_2O_3 \cdot CaSO_4$）为主要矿物组成的熟料，掺加适当混合材后，共同磨制成水硬性胶凝材料。该熟料的矿物组成不同于其他品种水泥，具有高强、高抗渗、高抗冻、耐腐蚀和低碱等基本特征。近年来，人们对硫铝酸盐水泥固化体系的研究取得了长足进步。研究表明：采用硫铝酸盐水泥固化废树脂，废树脂的体积包容量为 42%~48%，其 28 d 抗压强度可达 20 MPa。由此可见，硫铝酸盐水泥是优良高效的固化体基材。

研究表明：硫铝酸盐能够很好地包容放射性废树脂，其固化体包容量大、浸出率低，并且能承受长期水浸泡。硫铝酸盐的水化产物是针状的钙矾石晶体结构，这决定了其固化体强度高、树脂包容量大。采用 20% 的沸石粉取代相应质量的硫铝酸盐水泥，可以得到满足强度要求且水化时中心最高温度不超过 90 ℃ 的固化体。

周耀中等人[25-27]以硫铝酸盐水泥作为固化基材，进行了废树脂水泥固化工艺实验，研究最初用 1000 g 硫铝酸盐水泥、500 g 脱水树脂和 350~400 mL 的水，可以得到抗压强度为 20 MPa 的固化体。后续研究中提高了固化体中树脂的包容量，将配方变为 1000 g 硫铝酸盐水泥、1000 g 湿树脂和 350~400 mL 水，得到的固化体强度约为 13 MPa，仍然可以满足国标对固化体处置的要求。利用单因素实验，可以获得废树脂体积包容量达到 45%~50% 的配方。废树脂固化体 28 d 抗压强度达到了 19.5 MPa，但是在地下水浸泡的情况下，固化体强度略有下降，这可能对固化体长期性能带来一定影响。其原因可能是地下水对水泥浆体的侵蚀导致水泥硬化浆体在不同区域形成了钙离子的浓度梯度，引起浆体结构的衰变。

李俊峰等人[28-30]比较了不同沸石掺量对废树脂硫铝酸盐水泥固化体的抗压强度和核素离子浸出性能。结果表明：沸石的添加使针状结晶向片状结晶发展，10%~20% 的沸石添加量可大幅降低 Cs^+ 的浸出率，而固化体抗压强度降低却很少。配方中树脂的质量为水泥质量的一半，占总质量的 30% 左右。研究还表明，硫铝酸盐水泥对 Cs^+ 有较强的滞留能力，沸石的添加使 Cs^+ 滞留能力大为提高，当沸石添加量为 20% 时，Cs^+ 的浸出已明显减少。进一步增加沸石量，虽对 Cs^+ 的滞留影响不大，但会使固化体抗压强度降低很多。相关研究表明，硫铝酸盐水泥以及硅酸盐水泥在固化废树脂方面包容量存在差异。匈牙利的 Sandor 等人[31]采用沸石和普通硅酸盐水泥的混合物来固化放射性废树脂，固化配方为 24 mL 树脂加 55.9 g 的水泥和 37.3 g 的沸石。湿树脂和固化料的质量比约为 21 : 100。

对于硫铝酸盐水泥的固化作用机理研究表明：相对于普通硅酸盐水泥，硫铝酸盐水泥水化产物具有独特性。普通硅酸盐水泥以硅酸盐为主要成分，其主要水化产物为硅酸钙凝胶和大量的氢氧化钙。硫铝酸盐水泥是以硫铝酸钙和硅酸二钙为主要矿物组成的熟料掺加适量混合材后磨制成的水硬性胶凝材料，其水化产物是 Al 和 Si 含量较高的钙矾石、铝凝胶和硅铝酸钙，生成的硅酸钙凝胶含量比普通硅酸盐水泥的低，水化最终产物中几乎不含氢氧化钙（氢氧化钙对核素的滞留能力较弱，本身溶解性相对较大）。硫铝酸盐水泥水化所形成的钙矾石晶体通过铝氧四面体的各个结点相互连接形成多孔骨架，在固化体内起到增强骨架的作用。由于存在大量铝氧键，晶体内部可能存在较强的孔道表面活性，有利于对核素的滞留。其他水化产物——铝凝胶和硅铝酸钙中不仅含有大量铝元素，使晶体或胶体具有较大的负电性，而且由于凝胶特有的通道使其拥有较大的比表面积，为保持电荷平衡，对带正电荷的放射性核素有较大的吸引力，这种化学吸附有助于降低核素的浸出率。另外，Sr^{2+} 能够稳定地结合在固化体的晶体和凝胶中，在晶体中可能参与了结晶过程，部分参与了钙矾石和凝胶的形成。Cs^+ 则主要分布在凝胶中，可能是由于其离子半径较大，在钙矾石晶体中没有足够大的空间容纳它，因而大部分 Cs^+ 被凝胶吸附或滞留。同时，硫铝酸盐水泥固化体的水化产物主要是针状的钙矾石晶体与凝胶成分。针状晶体在整个体系中起到骨架的作用，而晶体的不规则生长、搭接，有利于固化体抗压强度和抗冲击性能的提高，其密实填充的凝胶提高了固化体的密实性。

硫铝酸盐体系水泥是中国建筑材料科学研究总院 20 世纪 70 年代研发出来的新品种，尽管综合性能优异，但是其固化体长期稳定性能尚需进一步考察。另外，硫铝酸盐水泥水化过程中产生的水化热较高，在固化体中心产生很高的温度，而固化体表面的散热会导致固化体内部和外表面存在较大温差，从而产生较大的热应力。如果热应力超过固化体的抗拉强度，就会出现温度裂纹，影响固化体的完整性和稳定性。水化过程中的微膨胀也是影响其固化体特性的原因之一。

5.2.4 其他固化基材

Yamasaki 等人[32]提出了水热热压法（Hydrothermal Hotpressing）对含 Cs^+ 高放射性废物进行固化的研究。该放射性废物是由日本原子能委员会提供的模拟废物，所采用的固化基体是一种富硅材料，其中含有 70% 的 α-方石英和 30% 的铝硅酸盐。原始物料的配比为 21.8% 的模拟废物、10% 的 $Al(OH)_3$ 和 68.2% 的富硅基材。将原始物料与 NaOH 溶液混合，在温度为 350 ℃、压力为 66 MPa 的条件下保持 6 h，制得的固化体抗压强度可达 200 MPa。

A Guerrero 等人[33]用高炉矿渣水泥固化模拟蒸残液，这种水泥的主要成分为 20%~34% 的硅酸盐水泥熟料、66%~80% 粒化高炉矿渣和 0~5% 填充材料。模拟蒸残液中主要含有 H_3BO_3、NaCl、Na_2SO_4 和 NaOH。模拟含硼蒸残液、水泥和氧化钙按重量计为 42：43.5：14.5。其中，硼元素存在形式分别为 $Ca(BO_2)_2 \cdot 4H_2O$、$Ca[B(OH)_4]_2 \cdot 2H_2O$、$CaB_2O_4 \cdot 6H_2O$ 以及 $Ca_6(Al, Si)_2(SO_4)_2[B(OH)_4](OH, O)_{12} \cdot 26H_2O$。在研究固化体的同时，为了进一步优化完善水泥固化体的结构、减少核素离子浸出、提高固化效果，科学家对添加剂的作用机理及其对水泥固化体性能的影响进行了深入研究。A. M. El-Kamash 等人[34]的研究表明，在利用水泥对放射性废物进行固化的过程中，向普通硅酸盐水泥中加入沸石，能有效提高水泥的抗压强度，这主要得益于所选用的沸石具有极高的细度与巨大的表面积。孔隙率减小不仅提高了强度，也降低了核素离子的浸出率。

陈松等人[35]研究了不同水热条件下，在碱-偏高岭土体系中加入粒化高炉矿渣后，对其水化产物力学性能、吸附 Sr^{2+} 与 Cs^+ 性能的影响，研究了掺废液体系经不同水热条件处理后，产物对核素离子浸出性能的影响。结果表明：碱-偏高岭土体系加入矿渣后，体系对 Sr^{2+} 与 Cs^+ 的吸附性能随矿渣加入量增加而降低，强度随矿渣加入量增加而提高，羟基方钠石和钙霞石等产物随着水化温度升高、废液掺入量增加而逐渐成为主要物相。羟基方钠石和钙霞石结构能包容一定的核素离子，可形成稳定的矿物结构，可能是核素离子浸出率减小的主要因素。

李俊峰等人[36]比较了添加沸石、轻烧高岭石粉、矿渣和粉煤灰对废树脂硫铝酸盐水泥固化体水化放热的影响。实验表明：使用纯硫铝酸盐水泥，分别添加20%沸石、30%矿渣、20%粉煤灰、30%轻烧高岭石粉时，水化时水化体最高中心温度分别为70 ℃、61 ℃、63 ℃、65 ℃和62 ℃。这几种辅助材料对于降低水化热效果相差不大。通常，磨细的无机添加剂在固化的过程中有如下作用：

（1）利用自身的特有属性来减少核素离子的浸出，如沸石具有吸附功能，能够对核素离子进行吸附，将其按一定比例掺入水泥时可以有效减少水泥固化体中核素离子的浸出。

（2）参与水化反应，利用形成的产物减少核素离子的浸出，如硅灰在水泥中进行二次沙化，产生的低钙硅比的水化硅酸钙可以吸附大量核素离子。

（3）能够对水泥固化侧的孔隙结构进行优化，减小孔隙率，通过改善固化体的致密度来减少核素离子的浸出，如硅灰的密实效应等。

5.3 硅酸盐水泥的组分

硅酸盐水泥是由硅酸盐水泥熟料、0~5%石灰石或粒化高炉炉渣、适量石膏磨细制成的水硬性胶凝材料。硅酸盐水泥熟料的主要成分为硅酸三钙（$3CaO \cdot SiO_2$）、硅酸二钙（$2CaO \cdot SiO_2$）、铝酸三钙（$3CaO \cdot Al_2O_3$）和铁铝酸四钙（$4CaO \cdot Al_2O_3 \cdot Fe_2O_3$）。硅酸盐水泥与水混合时，发生复杂的水合反应。从水泥加水搅拌后，成为具有可塑性的水泥浆，到水泥浆逐渐变稠失去塑性但尚未具有强度，这一过程称为"凝结"。随后产生明显的强度并逐渐发展成坚硬的水泥石，这一过程称为硬化。凝结和硬化是人为划分的，实际上是一个连续的物理化学变化过程。

（1）纯熟料硅酸盐水泥。纯熟料硅酸盐水泥是在硅酸盐水泥熟料中加入适量石膏，磨细而成的水泥，分425、525、625和725四个标号。其早期强度比其他几种硅酸盐水泥高5%~10%，抗冻性和耐磨性较好，适用于配制高标号混凝土，用于较为重要的土木建筑工程，产品价格相对其他种类水泥高。

（2）普通硅酸盐水泥。普通硅酸盐水泥是由硅酸盐水泥熟料、6%~15%混合材料、适量石膏混合磨细制成的水硬性胶凝材料，简称普通水泥，代号 P·O。混合材料的加入量根据其具有的活性大小而定。按我国标准规定：普通水泥掺加活性混合材料的品种主要是粒化高炉矿渣、火山灰、粉煤灰等，其混合材料的掺加量不得超过15%，允许用不超过5%的窑灰（用回转窑生产硅酸盐类水泥熟料时，随气流从窑尾排出的灰尘，经收尘设备收集所得的干燥粉末）或不超过10%的非活性混合材料代替；掺加非活性混合材料不得超过10%。普通水泥分为275、325、425、525、625和725六个标号，广泛用于制作各种砂浆、混凝土和建筑建材。

（3）矿渣硅酸盐水泥。凡是由硅酸盐水泥熟料、20%～70%的粒化高炉矿渣、适量石膏混合磨细制成的水硬性胶凝材料，称为矿渣硅酸盐水泥，简称矿渣水泥，代号P·S。我国标准规定：水泥中粒化高炉矿渣掺加量按重量计为20%～70%，允许用不超过混合材料总掺量1/3的火山灰质混合材料（包括粉煤灰）、石灰石、窑灰来代替部分粒化高炉矿渣，分别不得超过15%、10%和8%；允许用火山灰质混合材料与石灰石，或与窑灰共同来代替矿渣，但代替的总量不得超过15%，其中石灰石不得超过10%、窑灰不得超过8%，替代后水泥中的粒化高炉矿渣不得少于20%。矿渣水泥是我国目前产量最大的品种，分为32.5、32.5R、42.5、42.5R、52.5和52.5R六个标号。与普通硅酸盐水泥相比，矿渣水泥的颜色较浅，相对密度较小，水化热较低，耐蚀性和耐热性较好，但泌水性较大，抗冻性较差，早期强度较低，后期强度增进率较高，因此需要较长的养护期。矿渣水泥可用于地面、地下、水中各种混凝土工程，也可用于高温车间的建筑，但不宜用于需要早期强度高和受冻融循环、干湿交替的工程。

（4）火山灰质硅酸盐水泥。凡是由硅酸盐水泥熟料、20%～50%的火山灰质混合材料（如火山灰、凝灰岩、浮石、沸石、硅藻土、粉煤灰、烧黏土、烧页岩、煤研石等）、适量石膏混合磨细制成的水硬性胶凝材料，称为火山灰质硅酸盐水泥，简称火山灰水泥，代号P·P。我国标准规定：水泥中火山灰质混合材料掺加量按重量计为20%～50%，允许掺加不超过混合材料总掺量1/3的粒化高炉矿渣，代替部分火山灰质混合材料，代替后水泥中的火山灰质混合材料不得少于20%。火山灰水泥品种分为275、325、425、525和625五个标号。火山灰水泥与普通水泥相比，其相对密度小、水化热低、耐蚀性好、需水性（使水泥浆体达到一定流动度时所需要的水量）和干缩性较大、抗冻性较差、早期强度低但后期强度发展较快、环境条件对水化和强度发展影响显著、潮湿环境有利于水泥强度发展等。火山灰水泥一般适用于地下、水中及潮湿环境的混凝土工程，不宜用于干燥环境、受冻融循环和干湿交替以及需要早期强度高的工程。

（5）粉煤灰硅酸盐水泥。凡是由硅酸盐水泥熟料、20%～40%的粉煤灰、适量石膏混合磨细制成的水硬性胶凝材料，称为粉煤灰硅酸盐水泥，简称粉煤灰水泥，代号P·F。我国标准规定：水泥中粉煤灰掺加量按重量计为20%～40%，允许掺加不超过混合材料总掺量1/3的粒化高炉矿渣，此时混合材料总掺量可达50%，但粉煤灰掺量仍不得少于20%或大于40%。粉煤灰水泥品种分为275、

325、425、525 和 625 五个标号。它除具有火山灰质硅酸盐水泥的特性（如早期强度虽低，但后期强度增进率较大、水化热较低等）外，还具有需水性及干缩性较小，和易性、抗裂性和抗硫酸盐侵蚀性好等性能，适用于大体积水工建筑，也可用于一般工业和民用建筑。

5.4 混合材料

生产水泥时，为了改善水泥性能、调节水泥强度等级、降低成本而加入的人工或天然的矿物材料称为混合材料。水泥生产用的混合材料品种很多，按来源分可以分为天然混合材料和人工混合材料，按性能可以分为活性混合材料（水硬性混合材料）和非活性混合材料（填充性混合材料）[1-2]。

5.4.1 活性混合材料

活性混合材料是指具有火山灰性或潜在水硬性，以及兼有火山灰性和潜在水硬性的矿物材料。其主要品种有各种工业矿渣（粒化高炉矿渣、钢渣、化铁炉渣、磷渣等）、火山灰质混合材料和粉煤灰三大类，它们的活性指标均应符合有关国家标准或行业标准。掺活性混合材料的作用是：

（1）提高产量，降低成本；

（2）改善水泥的性能，调整强度等级，降低水化热，减少碱骨料反应的发生，扩大应用范围；

（3）充分利用工业废渣，保护环境。

常用活性混合材料有粒化高炉矿渣、火山灰质混合材料和粉煤灰三种。

（1）粒化高炉矿渣：由熔融矿渣水淬而得到，活性成分为活性氧化硅和活性氧化铝。

（2）火山灰质混合材料：为火山喷发沉积物及其他具有类似活性的材料统称，分为含水硅酸质（如硅藻土等）、铝硅玻璃质（如火山灰等）、黏土质（烧黏土等）。

（3）粉煤灰：是一种发电厂燃料废渣。

5.4.2 非活性混合材料

非活性混合材料是指在水泥中主要起填充作用而又不损害水泥性能的矿物质材料，即活性指标达不到活性混合材料要求的矿渣、火山灰材料、粉煤灰以及石灰石、砂岩、生页岩等材料。一般对非活性混合材料的要求是对水泥性能无害。

水泥中掺加非活性混合材料，一方面增加水泥的产量，降低生产成本，改善和调节水泥的某些性质；另一方面综合利用工业废渣，减少环境污染。

5.5 硅酸盐水泥的生产

凡以硅酸钙为主的硅酸盐水泥熟料、5%以下的石灰石或粒化高炉矿渣、适量石膏磨细制成的水硬性胶凝材料，统称为硅酸盐水泥。

5.5.1 生产原料

（1）硅酸盐水泥熟料：由主要含 CaO、SiO_2、Al_2O_3、Fe_2O_3 的原料，按照适当的比例磨成细粉烧至部分熔融所得以硅酸钙为主要矿物成分的水硬性胶凝物质，其中硅酸钙矿物不小于66%，氧化钙和氧化硅质量比不小于2.0。

（2）混合材料：在粉磨水泥时与熟料、石膏一起加入磨具内用以改善水泥性能、调节水泥标号、提高水泥产量、降低水泥成本的矿物质材料。混合材料又分为活性混合材料和非活性混合材料。

（3）石膏：主要作用是调节凝结时间。石膏分为天然石膏和工业副产石膏两大类。天然石膏又包括生石膏（$CaSO_4 \cdot 2H_2O$）和硬石膏（$CaSO_4$）。

（4）窑灰：从水泥回转窑窑尾尾气中收集下的粉尘。

（5）助磨剂：水泥粉磨时允许加入助磨剂，其加入量应不大于水泥质量的0.5%，助磨剂应符合《水泥助磨剂》（GB/T 26748—2011）的规定。

5.5.2 生产工艺

硅酸盐水泥的生产[4]通常可以分为三个阶段：生料制备、熟料煅烧、水泥制成与出厂，俗称为两磨一烧。

硅酸盐水泥生产按生料制备方法可以分为湿法和干法；按煅烧熟料窑的结构可以分为立窑生产和回转窑生产，其中立窑生产又可以分为普通立窑和机械化立窑，回转窑生产又可以分为干法回转窑、湿法回转窑和半干法回转窑。

（1）干法生产：将原料同时烘干与粉磨，或先经烘干后粉磨成生料粉，然后装入干法窑内煅烧成熟料的方法。

（2）湿法生产：将原料加水粉磨成生料后，装入湿法窑内煅烧成熟料的方法。

（3）半干法生产：将粉磨后的生料粉加入适量的水制成生料球，送入立波尔窑内煅烧成熟料的方法。

5.5.3 生产流程

20世纪50年代出现的悬浮预热窑，在60年代取得了较大的发展，大大降低了熟料热耗。70年代出现的窑外分解技术，使熟料产量成倍提高，热耗也有了较大幅度的下降。同时，原料预处理技术和设备的发展，特别是烘干兼粉磨设备的不断改进，使熟料质量进一步提高。冷却机热风用于窑外分解炉，窑废气用于原料及煤粉的烘干，以及成功地利用窑尾废气和窑头冷却机余热进行发电，使余热得到了比较充分的利用。近十年来，随着新型干法生产工艺的进一步优化，环境负荷的进一步降低，以及各种替代燃料与废弃物的降解、利用，水泥工业正在以新型干法生产为支柱，向生态环境材料型产业转型。图 5-2 所示为新型水泥窑外分解干法生产的工艺流程[1]。

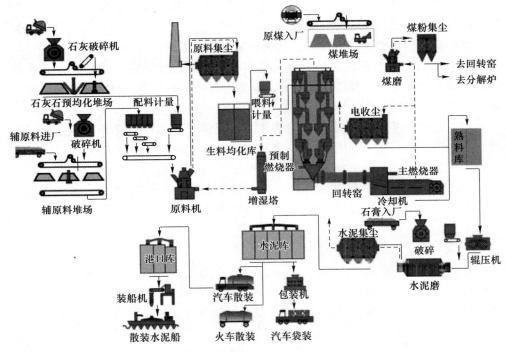

图 5-2　新型水泥窑外分解干法生产的工艺流程

从图 5-2 可以看出，石灰石进厂后，经过破碎成为碎石，进入石灰石堆场预均匀化后，入原料库。砂石等辅助原料经过破碎后入原料库。铁粉直接进入原料库。石灰石、砂岩和铁粉经过配料计量后进入原料机磨制成生料粉。生料粉入生料均化库。均化后的生粉料经喂料计量后进入预热器、分解炉和回转窑进行熟料煅烧。烧成后的熟料进入冷却机冷却，经冷却后的熟料入熟料库。石膏进厂后，经过破碎后入石膏库。粉煤灰直接进入粉煤灰库。熟料经过辊压机挤压后与石膏和粉煤灰按比例进入水泥磨磨制成水泥。制成的水泥入库储存，然后经包装出厂，可以是汽车散装出厂，也可以是经装船机由散装水泥船出厂。煤进厂后入煤堆场进行均化，然后由磨成煤粉，供回转窑窑头和窑尾分解炉煅烧之用。煤磨烘干所需的热气体来自冷却机。窑尾预热器出来的高温废气经增湿塔降温后，一部分供生料磨烘干生料所用，然后经收尘后排放，另一部分则直接经收尘器收尘后排放。冷却机冷却熟料后产生的高温气体，一部分作为二次风直接入窑帮助窑头煤粉燃烧，一部分经三次风管输送到窑尾分解炉帮助煤粉燃烧，多余的气体供煤磨烘干或经窑头收尘系统排出。对采用余热发电的预分解窑烧成系统，部分冷却机热气和窑尾预热器废气，供余热锅炉产生蒸汽发电后，经除尘排放。

5.6 水泥熟料矿物特性

硅酸盐水泥熟料主要由 CaO、SiO_2、Al_2O_3 和 Fe_2O_3 四种氧化物组成，CaO 为 62%~67%；SiO_2 为 20%~24%；Al_2O_3 为 4%~7%；Fe_2O_3 为 2.5%~6.0%，总和通常都在 95% 以上。此外，还含有 MgO、SO_3、K_2O、Na_2O、TiO_2、P_2O_5 等。

在硅酸盐熟料中，CaO、SiO_2、Al_2O_3 和 Fe_2O_3 不是以单独的氧化物存在，而是以两种或者两种以上的氧化物经高温化学反应而生成的多种矿物的集合体。硅酸盐水泥的主要矿物组成是：硅酸三钙（$3CaO \cdot SiO_2$，简写为 C_3S）、硅酸二钙（$2CaO \cdot SiO_2$，简写为 C_2S）、铝酸三钙（$3CaO \cdot Al_2O_3$，简写为 C_3A）、铁铝酸四钙（$4CaO \cdot Al_2O_3 \cdot Fe_2O_3$，简写为 C_4AF）。此外，还有少量游离氧化钙（f-CaO）、方镁石（结晶氧化镁）、含碱矿物及玻璃体。

硅酸三钙决定着硅酸盐水泥 28 d 内的强度；硅酸二钙 28 d 后才发挥强度作用，一年左右达到；铝酸三钙强度发挥较快，但强度低，其对硅酸盐水泥在 1~3 d 或稍长时间内的强度起到一定的作用；铁铝酸四钙的强度发挥也较快，但强度低，对硅酸盐水泥的强度贡献小。

5.6.1 硅酸三钙

纯的 C_3S 为白色，1800 ℃时只需要几分钟就可以形成，1600 ℃时需要 1 h 基本可以形成，1450 ℃时需要多次才可以形成。2065 ℃以上 C_3S 熔融分解为 CaO 与液相。1250~2065 ℃范围 C_3S 稳定。低于 1250 ℃时，$C_3S \rightarrow C_2S + CaO$。

在硅酸盐水泥熟料中，C_3S 并不以纯的形式存在，而是和少量的其他氧化物形成固溶体，简称 A 矿（阿利特矿）。工业生产中，C_3S 晶体中固溶体有 Al_2O_3、Fe_2O_3、MgO、R_2O。

固溶体在反光显微镜下呈黑色多角形颗粒。

5.6.2 硅酸二钙

在硅酸盐水泥熟料中，C_2S 不以纯的形式存在，往往含有少量其他氧化物，

如 Al_2O_3、Fe_2O_3、MgO、K_2O、TiO_2、P_2O_5 等形成固溶体，称为 B 矿（贝利特矿）。

C_2S 的化学组成（质量分数）：CaO 63% ~ 63.7%、SiO_2 31.5% ~ 33.7%、Al_2O_3 1.1% ~ 2.6%、Fe_2O_3 0.7% ~ 2.2%、MgO 0.2% ~ 0.6%、TiO_2 0.1% ~ 0.3%、P_2O_5 0.1% ~ 0.3%、Na_2O 0.2% ~ 1.0%、K_2O 0.3% ~ 1.0%。

5.6.3 中间相

填充在阿利特和贝利特之间的物质称为中间相，它包括铝酸盐、铁酸盐、组成不定的玻璃体、含碱化合物以及游离氧化钙和方镁石，但以包裹体形式存在于阿利特和贝利特中的游离氧化钙和方镁石除外。中间相在熟料煅烧过程中，是熔融的液相，冷却时，部分液相结晶，部分液相来不及结晶而凝固成玻璃体。

5.6.3.1 铝酸钙

纯 C_3A 为等轴晶系，无多晶转化。结晶完善的 C_3A 呈立方、八面体或十二面体结构。C_3A 在熟料中的含量（质量分数）为 7% ~ 15%。纯 C_3A 为无色晶体，密度为 3.04 g/cm³，熔融温度为 1533 ℃，在反光镜下，快冷呈点滴状，慢冷呈矩形或柱形 C_3A。因反光能力差，呈暗灰色，故称黑色中间相。

熟料中铝酸钙主要是铝酸三钙，还有可能含有七铝酸十二钙。在掺氟化钙作矿化剂的熟料中可能存在 $C_{11}A_7 \cdot CaF_2$。在同时掺氟化钙和硫酸钙作复合矿化剂低温烧成的熟料中可以是 $C_{11}A_7 \cdot CaF_2$ 和 C_4A_3S，而无 C_3A。

C_3A 也可固溶部分氧化物，如 K_2O、Na_2O、SiO_2、Fe_2O_3 等，具体含量（质量分数）为：SiO_2 2.1% ~ 4.0%，Fe_2O_3 4.4% ~ 6.0%，MgO 0.4% ~ 1.0%，K_2O 0.4% ~ 1.1%，Na_2O 0.3% ~ 1.7%，TiO_2 0.1% ~ 0.6%。

C_3A 水化迅速，放热多，凝结很快，若不加石膏等缓凝剂，易使水泥急凝；硬化快，强度 3 d 内就发挥出来，但绝对值不高，以后几乎不增长，甚至倒缩；干缩变形大，抗硫酸盐性能差。

5.6.3.2 铁相固溶体

C_4AF 属斜方晶系，晶胞参数 $a_0 = 0.5584$ nm、$b_0 = 1.460$ nm、$c_0 = 0.5374$ nm，$Z = 2$，密度 3.77 g/cm³，熔点为 1450 ℃。

C_2F 的结构与 C_4AF 相同，斜方晶系，晶胞参数 $a_0 = 0.5599$ nm、$b_0 = 1.4771$ nm、$c_0 = 0.5429$ nm，$Z = 4$，密度 4.01 g/cm³，C_2F 具棕至黄色多色性。

C_6A_2F 为 C_2F 和 $C_{12}A_7$ 形成的固溶体，属于斜方晶系，晶体呈板状，在 1365 ℃ 分解。

铁相固溶体在熟料中的含量为 10% ~ 18%。熟料中含铁相比较复杂，在一般的硅酸盐水泥熟料中，其成分接近 C_4AF，故多用 C_4AF 代表熟料中的铁相固溶体。当熟料中 MgO 含量较高或含有 CaF_2 等降低液相黏度的组分时，铁相固溶体

的组成为 C_6A_2F。若熟料中 $w(Al_2O_3)/w(Fe_2O_3)<0.64$ 时，则可生成铁酸二钙（C_2F）和 C_4AF 的固溶体。

铁相固溶体水化速率和水化产物取决于其 $w(Al_2O_3)/w(Fe_2O_3)$。研究发现：C_6A_2F 水化速率比 C_4AF 快，这是由于其含有较多的 Al_2O_3 的缘故。C_4AF 水化较慢，凝结也较慢。C_2F 水化最慢，有一定的水硬性。水化活动顺序：$C_6A_2F>C_4AF>C_6A_2F_2>C_2F$。

5.6.3.3 玻璃体

在硅酸盐水泥熟料煅烧过程中，熔融液相若在平衡状态下冷却，则可全部结晶出 C_3A、C_4AF 和含碱化合物等而不存在玻璃体。在实际生产中，熟料总是采用急冷，因而大部分液相来不及结晶而以过冷介稳态的玻璃体形式存在。在玻璃体中，分子、原子、离子排列是无序的，组成也不固定，结构缺陷较多，其主要成分为 CaO、Al_2O_3、P_2O_5，也有少量 MgO、K_2O、Na_2O。

玻璃体在熟料中的含量随冷却条件而异，如 C_3A、C_4AF 结晶出来的数量多，则玻璃体含量相对较少。普通冷却的熟料中含玻璃体 2%～21%。急冷的熟料含玻璃体 8%～22%。而慢冷的熟料含玻璃体 0～2%。

由于玻璃体处于不稳定状态，与水反应迅速，水化热也大，因此玻璃体含量多会影响熟料的正常颜色。当玻璃体包裹住 β-C_2S 时，能阻止 β-C_2S 向 γ-C_2S 转变。

5.6.4　游离氧化钙和方镁石

游离氧化钙是指经高温煅烧而仍未化合的氧化钙，也称游离石灰（Freeline 或 f-CaO）。

游离氧化钙（f-CaO）分为一次游离氧化钙和二次游离氧化钙。

（1）一次游离氧化钙：$C_2S+CaO \rightarrow C_3S$，1450 ℃ 未完全反应的氧化钙，属于死烧氧化钙，结晶程度大，水化活性小，对水泥的性能有害，尤其对水泥的体积安定性影响较大。

（2）二次游离氧化钙：$C_3S \rightarrow C_2S+CaO$，此反应发生在 1250 ℃，由于生成温度低，结晶程度小，有一定水化活性，对水泥的性能危害不大。

方镁石是指游离状态的 MgO 晶体。MgO 由于与 SiO_2、Fe_2O_3 的化学亲和力很小，因此在熟料煅烧过程中一般不参与化学反应。MgO 在熟料中以下列三种形式存在：

（1）溶解于 C_4AF、C_3S、C_2S 以及 C_3A 中形成固溶体，对水泥体积安定性无害。

（2）溶解于玻璃体中，对安定性无害。

以上两种氧化镁由于未构成高温液相的组分，因此可以降低液相黏度，有助于熟料烧成。

（3）以游离的方镁石形式存在，水化比 f-CaO 还要慢，结构致密，后期水化造成体积膨胀，危害性大。

5.7 熟料率值的控制

5.7.1 水硬率

水硬率是 1868 年德国人米夏埃利斯（W. Michaelis）提出的，为控制熟料适宜石灰含量的一个系数。水硬率是熟料中氧化钙和酸性氧化物之和的质量百分比，常用 HM 表示，其计算公式为：

$$HM = \frac{w(CaO)}{w(SiO_2) + w(Al_2O_3) + w(Fe_2O_3)} \tag{5-1}$$

式中，$w(CaO)$、$w(SiO_2)$、$w(Al_2O_3)$、$w(Fe_2O_3)$ 分别代表熟料中各氧化物的质量分数。

水硬率通常为 1.8~2.4。水硬率假定各酸性氧化物所结合的氧化钙是相同的，但实际上并非如此。当各酸性氧化物的总和不变而它们之间的比例发生变化时，所需的氧化钙并不相同。因此只控制同样的水硬率并不能保证熟料有相同的矿物组成。只有同时控制各酸性氧化物之间的比例，才能保证熟料矿物组成的稳定。因此，库尔提出了控制熟料酸性氧化物之间的关系的率值：硅率和铝率。

5.7.2 硅率或硅酸率

硅率又称硅酸率，它表示熟料中 SiO_2 的质量分数与 Al_2O_3、Fe_2O_3 的质量分数之和之比，用 SM 表示：

$$SM(n) = \frac{w(SiO_2)}{w(Al_2O_3) + w(Fe_2O)} \tag{5-2}$$

通常硅酸盐水泥的硅率为 1.7~2.7。但白色硅酸盐水泥的硅率可达 4.0 甚至更高。硅率除了表示熟料的 SiO_2 与 Al_2O_3 和 Fe_2O_3 的质量分数外，还可以表示熟料中硅酸盐矿物与溶剂矿物的比例关系，反映熟料的质量和易烧性。当 $w(Al_2O_3)/w(Fe_2O_3) > 0.64$ 时，硅率与矿物组成的关系为：

$$SM = \frac{w(C_3S) + 1.325w(C_2S)}{1.434w(C_3A) + 2.046w(C_4AF)} \tag{5-3}$$

式中，$w(C_3S)$、$w(C_2S)$、$w(C_3A)$、$w(C_4AF)$ 分别代表熟料中各矿物的质量分数。

从式（5-3）可以看出，硅率随硅酸盐矿物与溶剂矿物之比增减而增减。若熟料硅率过高，则由于高温液相量显著减少，熟料煅烧困难，硅酸三钙不易形成，如果氧化钙含量低，那么硅酸二钙含量过多而熟料易粉化；若硅率过低，则熟料因硅酸盐矿物少而强度低，且由于液相量过多，易出现结大块、结炉瘤、结圈等，影响窑的操作。

5.7.3　铝率或铁率

铝率又称铁率，以 IM 表示。其计算公式为：

$$IM(p) = \frac{w(Al_2O_3)}{w(Fe_2O_3)} \qquad (5-4)$$

铝率通常为 0.8~1.7。抗硫酸水泥或地热水泥的铝率可低至 0.7。铝率表示熟料中氧化铝与氧化铁的质量比，也表示熟料中铝酸三钙与铁铝酸四钙的比例关系，因而也关系到熟料的凝结快慢，同时还关系到熟料高温液相黏度，从而影响熟料煅烧的难易，熟料铝率与矿物组成的关系如下：

$$IM = \frac{1.15w(C_3A)}{w(C_4AF)} + 0.64 \qquad (5-5)$$

从式（5-5）可以看出，铝率高，熟料中铝酸三钙多，液相黏度大，物料难烧，水泥凝结快。但铝率过低，虽然液相黏度小，液相中质点易扩散，对硅酸三钙形成有利，但烧结范围窄，窑内易结大块，不利于窑的操作。

5.7.4　石灰饱和系数

古特曼（A. Guttmann）与杰耳（F. Gille）认为，酸性氧化物形成的碱性最高的矿物为 C_3S、C_3A、C_4AF，据此，他们提出了石灰理论极限含量。为便于计算，将 C_4AF 改写成 "C_3A" 和 "CF"，令 "C_3A" 和 C_3A 相加，那么每 1% 酸性氧化物所需石灰含量分别为：

1% Al_2O_3 所需 CaO 为 3×56.08/101.96 = 1.65%

1% Fe_2O_3 所需 CaO 为 56.08/159.7 = 0.35%

1% SiO_2 形成 C_3S 所需 CaO 为 3×56.08/60.09 = 2.8%

由每 1% 酸性氧化物所需石灰量乘以相应的酸性氧化物含量，就可得石灰理论极限含量计算式：

$$w(CaO) = 2.8w(SiO_2) + 1.65w(Al_2O_3) + 0.35w(Fe_2O_3)$$

苏联学者金德和容克认为，在实际生产中，Al_2O_3 和 Fe_2O_3 始终为 CaO 所饱和，而 SiO_2 可能不完全饱和成 C_3S 而存在一部分 C_2S，否则熟料就会出现游离氧化钙。因此，在 SiO_2 之前加一石灰饱和系数 KH，即

$$w(CaO) = KH × 2.8w(SiO_2) + 1.65w(Al_2O_3) + 0.35w(Fe_2O_3)$$

将式改写为

$$KH = \frac{w(CaO) - 1.65w(Al_2O_3) - 0.35w(Fe_2O_3)}{2.8w(SiO_2)} \qquad (5-6)$$

因此，石灰饱和系数 KH 是熟料中全部氧化硅生成硅酸钙（C_3S+C_2S）所需的氧化钙含量与全部二氧化硅理论上全部生成硅酸三钙所需的氧化钙含量的比值，也即表示熟料中氧化硅被氧化钙饱和成硅酸三钙的程度。

式（5-6）适用于 $IM>0.64$ 的熟料。若 $IM<0.64$，则熟料组成为 C_3S、C_2S、C_4AF 和 C_2F，同理将 C_4AF 改写成 C_2A 和 C_2F，根据矿物组成 C_3S、C_2S、C_2F 和 C_2A+C_2F 可得：

$$KH=\frac{w(CaO)-1.10w(Al_2O_3)-0.70w(Fe_2O_3)}{2.8w(SiO_2)} \tag{5-7}$$

考虑到熟料中还有游离 CaO、游离 SiO_2 和石膏，故式（5-6）和式（5-7）将写成：

当铝率（A/F）$\geqslant 0.64$ 时，

$$KH=\frac{w(CaO)-w(f\text{-}CaO)-1.65w(Al_2O_3)-0.35w(Fe_2O_3)-0.70w(SO_3)}{2.8(SiO_2\text{-}f\text{-}SiO_2)}$$

当铝率（A/F）<0.64 时，

$$KH=\frac{w(CaO)-w(f\text{-}CaO)-1.10w(Al_2O_3)-0.70w(Fe_2O_3)-0.70w(SO_3)}{2.8w(SiO_2\text{-}f\text{-}SiO_2)}$$

硅酸盐水泥熟料 KH 值在 $0.82\sim0.94$，我国湿法回转窑 KH 值一般控制在 0.89 ± 0.01。石灰饱和系数与矿物组成的关系可用下面的数学式表示：

$$KH=\frac{w(C_3S)+0.8838w(C_2S)}{w(C_3S)+1.3256w(C_2S)}$$

从上式可以看出，当 $w(C_3S)=0$ 时，$KH=0.667$，即当 $KH=0.667$ 时，熟料中有 C_2S、C_3A 和 C_4AF，故实际上 KH 值介于 $0.667\sim1$。

KH 实际上表示了熟料中 C_3S 和 C_2S 的质量分数。KH 越大，则硅酸盐矿物中 C_3S 的比例越高，熟料质量（主要为强度）越好，故提高 KH 有利于提高水泥质量。但 KH 过高，熟料煅烧困难，需要高温位保温时间长，否则会出现游离 CaO，同时窑的产量低，热耗高，窑衬耐火材料工作条件恶化。

我国目前采用的是石灰饱和系数 KH、硅率 SM 和铝率 IM 三个率值。为使熟料既顺利烧成，又保证质量，保持矿物组成稳定，应根据各厂的原料、燃料和设备等具体条件来选择三个率值，使之互相配合适当，不能单独强调其中某一率值。一般来说，不能三个率值都同时高，或者同时低。

5.8　硅酸盐水泥的性能与用途

随着国民经济的不断发展，水泥在现代建筑工程中的应用越来越广泛，因此研究和改善其性能，对于发展水泥品种、提高建筑效率、改进工程质量都具有十分重要的意义。硅酸盐水泥的性能包括物理性能（如密度、体积密度、细度等）和建筑性能（如凝结时间、泌水性、强度、体积变化和水化热、耐久性等）。

（1）凝结时间。水泥的凝结时间对工程施工有重要意义。水泥浆体的凝结分为初凝和终凝。初凝表示水泥浆体失去了流动性和部分可塑性。终凝则表示水泥浆体已完全失去可塑性，并有一定抵抗外来压力的强度。从水泥用水拌到水泥初凝所经历的时间称为初凝时间，从水泥用水拌和到终凝所经历过的时间称为终凝时间。

初凝时间和终凝时间是为了水泥使用而人为规定的。常用维卡仪测其初凝时间和终凝时间。水泥标准稠度用水量、凝结时间、安定性检验方法按照 GB/T 1346—2001 执行。我国国家标准《通用硅酸盐水泥》（GB 175—2007）规定，硅酸盐水泥的初凝时间不小于 45 min，终凝时间不大于 390 min。

（2）强度。水泥的强度是评判水泥的重要指标。强度是随着时间而逐渐增长的，与其水化养护龄期有关。通常按龄期将 28 d 以前的强度称为早期强度，如 1 d、3 d、7 d 强度。28 d 及以后的强度称为后期强度。影响水泥强度的因素很多，主要有熟料的矿物组成、f-CaO 含量、水泥细度、水灰比、混合料和石膏掺加量、密实度及试验方法等。

（3）体积变化。硅酸盐水泥在水化过程中由于生成了各种水化产物以及反应前后湿度、温度等外界条件发生改变，硬化浆体会发生一系列的体积变化，如化学减缩、湿胀干缩和碳化收缩等。

水泥在水化硬化过程中，无水的熟料矿物转变为水化产物，固相体积大大增加，而水泥浆体的总体积却在不断缩小，由于这种体积减缩是化学反应所致，因此称为化学减缩。

硬化水泥浆体的体积随其含水量变化而变化。浆体结构含水量增加时，其中胶体粒子由于吸附作用而分开，导致体积膨胀；如果含水量减少，则会使体积收缩。湿胀和干缩大部分是可逆的。

在一定的相对湿度下，硬化水泥浆体中的水化产物如 $Ca(OH)_2$、C-S-H 等会与空气中的 CO_2 作用，生成 $CaCO_3$ 和 H_2O，造成硬化浆体的体积减小，出现不可逆的收缩现象，称为碳化收缩。

（4）水化热。水化热是由水泥各熟料矿物水化作用所产生的。对于冬季施工而言，水化放热可提高浆体温度以保持水泥的正常凝结硬化，但对于大型基础和堤坝等大体积工程，由于内部热量不容易散失而使混凝土温度提高 20~40 ℃，与其表面的温差过大产生温度应力而导致大体积混凝土工程裂缝。

水泥水化放热的周期很长，但大部分热量是在 3 d 以内放出。熟料的矿物组成决定水化热的大小与放热速率，一般来说，C_3A 的水化热和放热速率最大，C_3S 和 C_4AF 次之，硅酸二钙的水化热最小，放热速率也最慢。

5.9　水泥生产的节能与环保

　　水泥工业为人类文明发展做出巨大贡献的同时，也耗用大量的能源和资源。生产水泥的主要原料石灰石和主要燃料煤炭都是不可再生资源，水泥工业排放的粉尘和有害气体对环境造成严重污染，制约着水泥工业的可持续发展。实现可持续发展是我国水泥工业发展的重任。当前国际水泥工业的发展趋势是以节能、降耗、环保、改善水泥质量和提高劳动生产率为中心，走可持续发展的道路[5]。

5.9.1　建立并完善技术创新体系

　　(1) 水泥行业应进一步开拓原材料资源，加大原材料资源地质勘探工作的力度，探明原料资源的储量、品位和分布情况。研究开发除石灰石和黏土以外的其他钙质和硅质原料，避免对现有高品位水泥原料矿山的乱采乱挖，合理开采与均化低品位矿山，使资源得到充分利用。

　　(2) 持续技术创新与应用，尽可能减少水泥生产的能耗。创建新型干法生产线，提高煤炭利用效率并完善现有的粉磨设备。首先，建立新型烧成体系，高效、低阻预热预分解技术，研发无烟煤、劣质燃料燃烧技术，开发低温预热发电技术与装备、预分解短窑技术、高效冷却系统等。其次，优化高效节能粉磨系统，立式磨、辊压机、筒辊磨、高效选粉机的完善与优化组合，形成节能型粉磨系统，使水泥生产电耗指标大幅下降。开发智能化生产系统，包括计量、在线监控、质量测控等。

　　(3) 严格限制粉尘的排放。我国水泥工业粉尘排放量的控制形势严峻，迫切需要大力推广超低排放技术。近年来，出现了高浓度、高滤速、强力清灰、低阻力、高效新型电袋收尘器，采用计算机与网络技术对大型电除尘器综合控制、远程诊断与管理，以及新型收尘技术及结合收尘工艺的脱硫技术与装备。

5.9.2　综合利用废弃物

　　我国冶金、煤炭、电力等行业每年排放的废弃物高达数亿吨。固体废弃物包括粉煤灰、矿渣、煤矸石、赤泥等，其中仅粉煤灰的排放量就达 1.5 亿吨以上。与此同时，随着国民经济的发展和城市规模的不断扩大，城市垃圾的积存数量也越来越大。据统计，我国城市垃圾已高达 60 亿吨以上。实现废弃物的综合利用及资源和能源的再生，可促进实现水泥工业的可持续发展。

　　(1) 工业废弃物作水泥原料。一些工业废料如煤矸石、粉煤灰、废砂、铁矿渣、高炉炉渣，以及含 CaO、SiO_2、Al_2O_3 等的淤泥，经过成分调配后均能作为原料煅烧水泥熟料。使用此类工业废弃物作水泥原料的优点是高炉炉渣等工业废弃物中的 $CaCO_3$ 已分解为 CaO，用作原料后，较大幅度降低了熟料煅烧的热耗以及废气中 CO_2、NO_x 的排放。

（2）工业废弃物作水泥混合料。可用于水泥混合料的工业废弃物有高炉炉渣、锰铁矿渣、铬铁渣、赤泥、增钙液态渣、粉煤灰、沸腾炉渣以及钢渣等。采用工业废弃物作混合料的优点是可以生产具有特种性能的水泥。以矿渣水泥为例，和普通水泥相比，矿渣水泥具有较好的抗渗性、抗硫酸盐侵蚀性较强等优点，但也有早期强度较低、耐磨性较差、抗冻性差等缺点。

随着生产技术的发展，立式辊磨、辊压机与高效超细选粉机、钢球磨组合的粉磨系统，均能满足工业废弃物作混合料的超细粉末要求，且能耗较低。此类水泥具有某些特殊性能，可用于石油、耐磨材料等，具有广泛的用途。

（3）工业废料用作燃料。水泥回转窑在煅烧熟料时，窑内物料在高温（物料温度接近 1500 ℃，火焰烟气温度约 2000 ℃）和氧化气氛中停留较长时间。物料内有机化合物在此条件下均能氧化分解。在此过程中所释放出来的热量可供煅烧熟料用。此外，一些有毒有害的工业有机物经高温氧化分解而消除毒性，无机物和有毒的重金属则留在熟料中作为熟料成分，消除了工业废弃物的残渣。

（4）城市垃圾的综合利用。目前，对城市垃圾处置方式主要为填埋法、堆肥法和焚烧法。填埋法占地大，资源化程度低，容易产生二次污染。堆肥法规模小周期长，发酵质量不稳定。焚烧法可实现垃圾减容化和资源化，但焚烧烟气中含有有害成分，处理有害成分需增加投资。因此，水泥行业提出了利用水泥熟料烧成系统来处理城市垃圾。该方法一方面利用回转窑系统降解反应垃圾中的有毒气体，另一方面垃圾焚烧后剩余的灰渣可以作为水泥的原料，有害的灰渣和重金属被固化在水泥熟料中。城市垃圾中的无机成分能够代替水泥原料，有机成分可以作为燃料。

5.9.3 大力推进散装水泥

目前我国散装水泥仅占当年水泥产量的 15% 左右，而工业发达国家已达到了 90% 左右。生产袋装水泥的纸袋，不仅需要采伐大量的树木，耗费宝贵的森林资源，而且在制袋过程中还需消耗大量的淡水，产生大量的造纸污水。

大力推广散装水泥，以散装的形式运输和储备水泥是一种必然趋势。散装水泥避免使用包装纸袋或塑料袋，防止了水泥袋拆用后造成的废弃物对环境的二次污染。采用散装水泥同时也为混凝土生产中采用机械化自动上料、自动称量、减少浪费和污染提供了一定保证。散装水泥无论是在储存、质量保证、出口贸易方面，还是在减轻工人劳动强度方面都具有很大的优势。

参 考 文 献

［1］ 林宗寿. 水泥工艺学 ［M］. 2 版. 武汉：武汉理工大学出版社，2017.

［2］ 许荣辉. 简明水泥工艺学 ［M］. 北京：化学工业出版社，2013.

［3］ 李定龙，常杰云. 工业固废处理技术 ［M］. 北京：中国石化出版社，2013.

［4］ 任强，李启甲，嵇鹰. 绿色硅酸盐材料与清洁生产 ［M］. 北京：化学工业出版社，2004.

［5］ 施惠生. 生态水泥与废弃物资源化利用技术 ［M］. 北京：化学工业出版社，2005.

［6］ 吴明慧. 核电站模拟含硼中低放废物的水泥固化技术研究 ［D］. 北京：中国建筑材料科学研究总院，2012.

［7］ Cohen B, Petrie J G. Containment of chromium and zinc in ferrochromium flue dusts by ementbased solidification ［J］. Canadian Metallurgical Quarterly, 2006 (36)：251-255.

［8］ Bulut U, Ozverdi A, Erdem M. Leaching behavior of pollutants in ferrochrome arc furnace dust and its stabilization/solidification using ferrous sulphate and Portland cement ［J］. Journal of Hazardous Materials, 2009, 2-3 (162)：893-898.

［9］ US Environmental Protection Agency. Treatment technologies for site cleanup Annual status report ［J］. 2004.

［10］ Bishop P L. Leaching of inorganic hazardous constituents from stabilized/solidified hazardous wastes ［J］. Hazardous Wastes Hazardous Mater, 1988, 5：129-143.

［11］ 欧阳峰，李刚，付永胜，等. 用铬渣作水泥矿化剂 ［J］. 化工环保, 2001 (4)：221-223.

［12］ 吕辉. 铬渣作水泥原料及混合材的试验研究 ［J］. 水泥, 2005 (11)：11-13.

［13］ 杨南如. 充分利用资源，开发新型胶凝材料 ［J］. 建筑材料学报, 1998 (1)：21-27.

［14］ 蒲心诚，杨长辉. 高强碱矿渣 (JK) 流态混凝土研究 ［J］. 混凝土, 1996 (2)：18-22, 30.

［15］ 蒲心诚. 碱矿渣 (JK) 混凝土通过鉴定 ［J］. 硅酸盐建筑制品, 1987 (5)：7.

［16］ 钟白茜，杨南如. 水玻璃-矿渣水泥的水化性能研究 ［J］. 硅酸盐通报, 1994 (1)：4-8.

［17］ 周欢. 碱矿渣水泥固化城市生活垃圾焚烧飞灰效率研究田 ［D］. 重庆：重庆大学, 2013.

［18］ Roy D M. Alkali-activated cements：Opportunities and challenge ［J］. Cement and Concrete Research, 1999, 2 (29)：249-254.

［19］ Deja Jan. Immobilization of Cr^{6+}, Cd^{2+}, Zn^{2+} and Pb^{2+} in alkali-activated slag binders ［J］. Cement and Concrete Research, 2002, 32 (12)：1971-1979.

［20］ Wang S D, Scrivener K L. Hydration products of alkali activated slag cement ［J］. Cement and Concrete Research, 1995, 25 (3)：561-571.

［21］ Palomo A, Palacios M. Alkali-activated cementitious materials：Alternative matrices for the immobilization of hazardous wastes：Part Ⅱ. Stabilization of chromium and lead ［J］. Cement and Concrete Research, 2003, 33 (2)：289-295.

［22］Xu J Z，Zhou Y L，Chang Q，et al. Study on the factors of affecting the immobilization of heavy metals in fly ash-based geopolymers ［J］. Materials Letters，2006，60（6）：820-822.

［23］刘浩. 碱激发胶凝材料固化/稳定化铬污染土壤研究 ［D］. 杭州：浙江大学，2012.

［24］张华，蒲心诚. 碱矿渣水泥基铬渣固化体浸出毒性的安全性研究 ［J］. 重庆建筑大学学报，1999（1）：62-65，69.

［25］周耀中，云桂春. 放射性废离子交换树脂水泥固化与机理探讨 ［J］. 原子能科学技术，2004，38（7）：133-138.

［26］周耀中. 放射性废树脂水泥固定化技术及机理研究 ［D］. 北京：清华大学，2002.

［27］周耀中，叶裕才，云桂春，等. 特种水泥固化放射性废离子交换树脂的初步研究 ［J］. 辐射防护，2002，22（4）：225.

［28］孙奇娜，李俊峰，王建龙. 模拟放射性含硼废液的水泥固化研究 ［J］. 原子能科学技术，2010，44：153-159.

［29］李俊峰，王建龙，赵漩. 模拟放射性树脂特种水泥固化提高包容量的研究 ［J］. 原子能科学技术，2004，38：139-142.

［30］李俊峰，王建龙. 放射性废离子交换树脂的特种水泥固化技术进展 ［J］. 辐射防护，2006，26（2）：107-112.

［31］Sandor Bagosi，Laszlo J，Csetenyi. Immobilization of cesium-loaded ion exchange resins in zeolite-cement blends ［J］. Cement and Concrete Research，1999，29：479-485.

［32］Yamasaki N，Agisawa K，Nishioka M，et al. A hdrothermal hot-pressing method：Apparatus and application ［J］. Journal of Materials Science Letters，1986，5（3）：355-356.

［33］Guerrero A，Gon S. Efficiency of a blast furnace slag cement for immobilizing simulated borate radioactive liquid waste ［J］. Waste Management，2002，22：831-836.

［34］El-Kamash A M，El-Naggar M R，El-Dessouky M I. Immobilization of cesium and strontium radionuclides in zeolite-cement blends ［J］. Journal of Hazardous Materials，2006，136（2）：310-316.

［35］陈松，李玉香. 模拟含碱高放废液 "碱-偏高岭土-矿渣" 固化性能研究 ［J］. 硅酸盐通报，2006，25（3）：42-46.

［36］李俊峰，赵刚，王建龙. 放射性废树脂水泥固化中水化热的降低 ［J］. 清华大学学报（自然科学版），2004，44（12）：1600-1602.

6 陶瓷固化技术

6.1 陶瓷的定义、分类和性能

6.1.1 陶瓷的定义

陶瓷是人类生活和生产中不可缺少的一种材料。陶瓷的发展经历了从简单到复杂、从粗糙到精细、从无釉到有釉以及从低温到高温的过程，随着近年来生产力的发展以及技术水平的提高，陶瓷的含义和范围发生了变化。

传统的陶瓷包括日用陶瓷、建筑、陶瓷、电磁，这些陶瓷都采用黏土类以及其他的天然矿物原料，经过粉碎加工成型烧结等步骤之后得到。陶瓷的原料主要是硅酸盐矿物，所以归属于硅酸盐类材料。

陶瓷材料是一种无机的、非金属的材料，通常是结晶氧化物、氮化物或碳化物材料。有些元素，如碳或硅，可以认为是陶瓷。陶瓷材料易碎、硬、抗压性强、抗剪性弱、抗拉性弱。它们能抵抗发生在酸性或腐蚀性环境下的其他物质中的化学侵蚀。陶瓷通常能够承受 1000~1600 ℃的高温。玻璃由于其非晶态（非结晶）特性通常不被认为是陶瓷。然而，玻璃制造涉及陶瓷工艺的几个步骤，其力学性能与陶瓷材料相似。传统的陶瓷原料包括黏土矿物，如高岭石，而最近原料则包括氧化铝，通常被称为矾土。现代陶瓷材料包括碳化硅和碳化钨，属于高级陶瓷。两者都因其耐磨性而受到重视，因此在诸如采矿作业中破碎设备的磨损板等中得到了应用。高级陶瓷还用于医药、电气、电子工业和防弹衣。

近些年来随着工艺技术的提高，陶瓷开发出了许多新品种，比如高温陶瓷、超硬刀具、耐磨陶瓷、介电陶瓷、压电陶瓷、集成电路板用高导热陶瓷、高耐腐蚀性的化工及化学陶瓷，上述这些陶瓷统称为特种陶瓷。特种陶瓷在生产过程中虽然基本上还是用粉末原料，经过成型烧结等传统工艺方法进行制备，但是所采用的原料不单单是天然矿物，而是已经扩大到经过人工提纯加工或工业固废料组成的范围，已经扩展到无机非金属材料的范畴。

现代陶瓷材料系无机非金属材料，是与金属材料和有机材料相并列的三大现代材料之一，也是除金属材料和有机材料以外，其他所有材料的统称，本章讨论的对象是现代陶瓷材料或称现代无机非金属材料。

6.1.2 陶瓷的分类

陶瓷材料及其产品的种类繁多，为了掌握其材料和产品的特性，本章从两个方面对陶瓷进行分类，一是按化学成分分类，二是按性能和用途分类。

6.1.2.1 按化学成分分类

（1）氧化物陶瓷。氧化物陶瓷种类繁多，在陶瓷家族中占有非常重要的地位，最常用的氧化物陶瓷是 Al_2O_3、SiO_2、MgO、ZrO_2、CeO_2、莫来石和尖晶石等。其中 Al_2O_3 和 SiO_2 在无机非金属材料中的地位，跟钢铁和铝合金在金属材料中一样，是非常重要的原料。

（2）碳化物陶瓷。碳化物陶瓷一般具有比氧化物陶瓷更高的熔点，最常用的是 SiC、WC、B_4C、TiC 等。碳化物陶瓷在制备过程中有气氛进行保护，防止氧化。

（3）氮化物陶瓷。氮化物陶瓷中应用最广泛的是氮化硅，它具有优良的综合力学性能和耐高温特性。此外氮化钛、氮化硼、氮化铝等氮化物陶瓷的应用也日趋广泛。

（4）硼化物陶瓷。硼化物陶瓷的应用并不广泛，主要是用作添加剂和第二相加入其他陶瓷晶体中，从而达到改善性能的目的，常用的有 TiB_2 和 ZrB_2。

6.1.2.2 按性能和用途进行分类

（1）结构陶瓷。结构陶瓷作为结构材料用来制造结构零部件，主要使用其力学性能，如强度、韧性、硬度、模量、耐磨性、耐高温、抗热震性、耐腐蚀等特性。上述按化学分类的 4 种类型陶瓷大多数均为结构陶瓷，比如说 Al_2O_3、Si_3N_4 和 ZrO_2 都属于力学性能优秀的结构性陶瓷材料。

（2）功能陶瓷。功能陶瓷作为功能材料用来制造功能器件，主要使用它的物理性能，如电性能、磁性、能热性能、光性能、生物性能等。例如，铁氧体、铁电陶瓷主要使用其电磁性能用来制造电磁原件；介电陶瓷用来制造电容器；压电陶瓷用来制作位移或压力传感器；固体电解质陶瓷利用其离子传导特性，可以制作氧探测器；生物陶瓷用来制造人工骨骼和人工牙齿等。高温超导材料和玻璃、光导纤维也属于功能陶瓷的范畴。

上述分类只是相对的，而不是绝对的。结构陶瓷和功能陶瓷的界限并不严格，对于某些陶瓷材料二者兼而有之。例如，压电陶瓷虽然可以将它划分为功能陶瓷，但是对它的力学性能（如弹性模量）等也有一定的要求，而且必须有足够的强度能够承受压力，才能够实现它的压电特性。

6.1.3 陶瓷的性能

陶瓷作为无机非金属化合物，其化学键是离子键和共价键，由于化学键有很强的方向性和很高的结合能，这导致了陶瓷材料很难产生塑性形变，同时脆性大，裂纹的敏感性更强。但也正是由于这种化学键的类型，结构陶瓷具有一系列比其他材料更优异的特殊性能。

6.1.3.1 力学性能

（1）硬度。陶瓷具有高硬度，大多在 1500HV 以上。硬度是各类材料中最高的。陶瓷作为新型的刀具和耐磨零件，刚度也是各类材料中最高的。

（2）陶瓷的耐压强度、抗压强度和抗弯强度高，抗拉强度较低，比抗压强度低一个数量级。

（3）陶瓷在室温几乎没有塑性。韧性差、脆性大是陶瓷的最大的特点。

6.1.3.2 物理与化学性能

（1）熔点高，多数在 2000 ℃以上。

（2）线膨胀系数小，一般为 $10^{-6} \sim 10^{-5}\ K^{-1}$。

（3）结构紧密，在温度急剧变化时，抵抗破坏的能力优异；陶瓷抗热震性能一般较差，受热冲击时易损坏；具有较高的化学稳定性。

（4）抗氧化，1000 ℃高温下不氧化，对酸碱盐有良好的抗蚀性。

实际研究和应用中的陶瓷材料，其显微组织绝大多数都是由晶粒或者是比晶粒更大的微观组织单元构成的，其大多是非平衡组织。这种显微组织与晶体结构及晶体缺陷共同决定了陶瓷材料的性能。

A 单相多晶陶瓷显微组织

烧结的主要驱动力是界面能，在二维的情况下，三个晶界相互成 120°交于一点时能量最低，也就是所有的晶粒都是正六角形时最稳定。在三维情况下，三叉晶界在一起的三个晶粒的表面必须成 120°，这样用简单的正多面体来填充空间，不能完全满足条件，而正十四面体可以满足上述的填充条件，如图 6-1 所示。

图 6-1 满足空间填充条件的十四面体等轴晶粒形状

烧结过程中发生相变而产生点阵重构或者烧结过程发生晶粒择优取向长大时，晶粒形态会呈棒状或针状。一般情况下我们希望晶粒均匀为等轴晶，因为等轴晶的致密度高。但是烧结时，部分晶粒会出现异常长大的情况，这是由于这些晶粒的位相和表面能的异常所导致的。通常，异常长大的晶粒会对性能带来负面的影响。

B　晶界与晶相

晶界非晶相在陶瓷的烧结中，特别是在一些高熔点难致密化陶瓷的衰退中，起着非常重要的作用。加入助烧剂的陶瓷中烧结时在晶界形成低熔点液相物质，起到黏结剂的作用，消除气孔促进致密化。

C　晶须

晶须是指具有一定长径比的纤维状晶体，其直径通常为微米级。组成晶须的晶体内部几乎不存在缺陷，因此晶须的力学性能常可以达到理论值。晶须以其优异的力学性能、均一的晶体结构等特点，常被用作第二相来强韧化复相陶瓷。晶须作为基体材料第二相的引入，可以有效改善材料的韧性和强度。因此，使用晶须对陶瓷材料进行强韧化处理具有重要的学术价值和广阔的应用前景。在晶须作为第二相的强韧化复相陶瓷中，由于晶须的引入，基体材料在失效断裂过程中存在晶须拨出、裂纹偏转和裂纹桥接三种不同效果。目前，经过晶须增韧的复相陶瓷材料，在切削刀具、耐磨件、航空航天等关键零部件制造中，都有相关成功的应用案例。

根据材料的主要化学成分，晶须大致可以分为氧化物晶须和非氧化物晶须。对于非氧化物晶须，常见的主要有 SiC 晶须、Si_3N_4 晶须等。SiC 晶须具有很高的强度和刚度，可以用于增韧 ZrO_2 陶瓷；Si_3N_4 晶须是以 β-Si_3N_4 为主要物相，广泛应用于金属基或陶瓷基复相材料的增强补韧。对于氧化物晶须，最为常见的是 Al_2O_3 晶须。Al_2O_3 晶须主要成分为 α-Al_2O_3，价格相对低廉，其具有极高的硬度和强度以及良好的化学惰性，且与基体材料的结合性能好，因此被广泛应用于各种结构材料、电子功能材料、生物陶瓷材料、陶瓷切削刀具等的强化处理。除 Al_2O_3 晶须外，较为常见的氧化物晶须还有氧化锌（ZnO）、莫来石（$3Al_2O_3 \cdot 2SiO_2/2Al_2O_3 \cdot SiO_2$）等晶须材料。它们同样具有良好的化学稳定性和热稳定性，也是陶瓷材料强韧化的良好选择。相对于非氧化物晶须材料，氧化物晶须能够有效避免复相陶瓷制备和使用过程中的一系列问题，例如烧结和高温使用过程中的氧化问题等。

6.2　国内外陶瓷固化技术发展现状

在我国的固体废弃物中，工业废弃物占了最大的比重，同时其又具有最高的潜在利用价值。目前我国主要工业固体废弃物的种类有煤矸石、赤泥、粉煤灰、尾矿、炉渣等，约占固体废弃物总量的 80%。固体废弃物产量大，其大量堆积导致了大量的物质资源和土地资源被浪费。

如果固体废弃物不经过妥善处理，将会对生态环境造成严重的破坏，主要体现在以下几个方面：

（1）污染大气。固体废弃物的颗粒物被吹起后，可以进入大气对大气造成污染。同时一些固体废弃物中含有机物，经过长期的堆放会被微生物分解之后放出有害气体。

（2）污染水体。随意堆放的固体废弃物会被降雨或地面流经的河流带入水体中造成淤积现象，这可能会破坏农田，影响水利工程。同时固体废弃物中含有的有害成分，也可以通过雨水带入水系环境，危害动植物甚至人的身体健康。

（3）污染土壤。固体废弃物中的有害成分会随着雨水风化的作用渗入土壤，可能会导致土壤的碱化、酸化或者是毒化。同时固体废弃物中的有害物质，也可能杀死土壤中的微生物，破坏土壤的生态平衡，危害动植物的生长发育。有些有毒物质还可以通过食物链进入人体，危害人类的健康。我国工业固废的总产量达到了 41.4 亿吨，其中大宗工业固废产量 36.56 亿吨。综合来看，我国大宗工业的固废历史堆存接近 700 亿吨，每年新增约 40 亿吨。

6.2.1　空心微珠保温材料

传统的建筑外墙保温材料主要为有机材料，这种保温材料的保温性能较好，但存在着安全性能差、容易引燃的风险。如果发生火灾事故，会造成非常严重的人员伤亡和财产损失，因此行业急需安全的不燃保温材料。使用空心微珠制作的保温材料，具有保温性能好、安全不燃烧、成本低廉的优点。同时由于空心微珠保温材料具有多级别孔结构，因此其导热系数极低。

6.2.2　陶瓷膜材料

陶瓷膜材料又称无机陶瓷膜，是以无机陶瓷材料经特殊工艺制备而形成的非对称膜。陶瓷膜材料可以分为管式陶瓷膜和平板陶瓷膜两种。管式陶瓷膜是陶瓷膜的管壁上密布微孔，可以在压力的作用下使原料液在膜管内或膜外侧流动，小分子物质或者液体可以透过，而大分子物质被截流，从而实现分离、浓缩、纯化和环保的目的[1]。平板陶瓷膜的表面布满微孔，根据膜孔径的不同，可渗透的物质分子直径不同，其渗透率也不同，以膜两侧的压力差为驱动，力膜为过滤介质，在一定压力的作用下，可以实现水无机盐或小分子物质透过膜而阻止水中的大分子物质通过，例如悬浮物胶和微生物等。陶瓷膜的分离效率比较高，效果稳定，化学稳定性好，同时还具备耐酸、耐碱、耐菌、耐有机溶液、耐高温、机械强度高、抗污染、再生性好、分离过程简单、能耗低等优点。无机陶瓷膜材料具有优良的、有机高聚物膜所不及的性能，再加上无机材料科学的发展，无机陶瓷膜的应用领域日益扩大，目前已经成功应用于食品饮料、生物医药、植物深加工、发酵、精细化工等众多领域，可用于工艺过程的分离、澄清、纯化、浓缩、除菌和除盐等。

6.2.2.1 无机陶瓷膜的分类

无机陶瓷膜按照孔隙结构的不同，可以分为致密陶瓷膜和多孔陶瓷膜两类。致密陶瓷膜主要为固体电解质膜，可以分为三氧化二钇稳定的氧化锆膜、钙钛矿膜、氧化铈基膜等。它的特点是具有较高的选择透过性，这一类膜是根据离子传导或溶解扩散的原理选择性透过氧，可能的应用领域包括氧化反应的膜反应器用膜、汽油膜、离子电池、传感器制造等。虽然这类膜对氧的选择性较高，但是氧通过量太低，制造成本太高，这使得其在大规模工业应用上受到了一定的限制，因此高温稳定性和渗透性的提高是致密陶瓷膜目前研究的重点。多孔陶瓷膜是目前最有应用前景的一类无机膜，主要有氧化铝基、二氧化钛基、二氧化锆基、二氧化硅基和玻璃等类型。以上多孔陶瓷膜均已实现工业化生产。按照孔径的大小，可以将多孔陶瓷膜分为三类：粗孔膜（大于 50 nm），介孔膜（孔径介于 2~5 nm），微孔膜（孔径小于 2 nm）。

陶瓷膜按照结构的区别可以分为担载膜（如非对称膜、支撑膜）和非担载膜（如对称膜、非支撑膜）。担载膜是工业上的常用陶瓷分离膜，主要由三层膜结构构成。第一层为多孔载体，即支撑体层，起到支撑的作用。支撑体层的孔径在 10~15 μm 范围，厚度为几个毫米，外形多为平板状、管式和多通道蜂窝状。支撑体层的存在保证了陶瓷膜具有足够的机械强度，同时，支撑体层有较大的孔径和较高的孔隙率，可以减小流体输送的阻力，提高渗透通量。第二层为过渡层，即中间层。过渡层多为单层或多层，孔径在 0.2~5 μm 并逐渐减小，为了与活性分离层匹配，每层厚度不大于 10 μm。过渡层防止第三层活性分离层在制备过程中部分活性颗粒向孔径较大的支撑体层渗透，因此是支撑体和活性分离层中间的结构。在过渡层的基础上，支撑体层的孔径可以制备得较大，以降低膜组件的阻力，提升渗透通量。第三层为活性分离层。活性分离层孔径为 4 nm~5 μm，厚度一般为 0.5~10 μm。它是主要起分离作用的膜层，可通过各种方法负载于多孔支撑体层或过渡层上，分离过程主要发生在这层膜上。非担载膜一般具有柱状孔和圆锥孔两种孔，但是由于这类膜孔隙率较小、强度差，一般在科学研究和实验室小规模应用。无机陶瓷膜的制备方法与膜材料的种类、膜的结构及孔径范围密切相关，影响膜过程运用的可行性和技术经济特性。

6.2.2.2 陶瓷膜制备原料

目前商业化的陶瓷膜主要采用氧化铝、氧化锆等氧化物作为主要原材料，加入黏结剂、造孔剂、塑化剂等辅料经过加工成型后经高温烧结制得。由于原材料价格较贵、烧结成本较高，严重限制了陶瓷膜的大规模工业化应用，因此，采用成本低、性能适合的矿物基多孔陶瓷膜代替传统的陶瓷膜已经成为降低陶瓷膜制备成本，使其大规模应用于工业化的重要途径。

天然矿物基陶瓷膜是指使用天然矿物原料（如高岭土、硅藻土、滑石等），加入一定量的辅料制备成性能合适的多孔陶瓷膜，天然矿物原料由于价格便宜、储量大、制备时烧结温度低，在陶瓷膜的大规模应用中具有广泛的前景。目前天然矿物基陶瓷膜主要采用干压、注浆、挤出和模压等成型方法，这些方法满足了工业大规模应用的需求。见表6-1，不同的矿物原料，通过不同的成型方法制备出了指标优良的多孔陶瓷膜。对比表6-1中各项性能可以看出，矿物基陶瓷膜的烧结温度低于传统的氧化铝、氧化锆基陶瓷膜，制备出的矿物基陶瓷膜性能指标优良，孔隙率高于40%，孔径可以达到微米级，且原料价格便宜，可以较好地替代传统陶瓷膜在废水微滤处理中的应用。

表 6-1 各种矿物陶瓷膜的性能比较

原 料	成型方法	烧结温度/℃	平均孔径/μm	孔隙率/%	强度/MPa	水通量/L·m^{-2}·h^{-1}·MPa^{-1}	气通量/L·m^{-2}·h^{-1}·MPa^{-1}
天然沸石	挤出	—	6.6	46	—	2.46×10^3	1.87×10^4
高岭土、白云石	固相烧结	1250	4.7	4.46	47.6	1.07×10^3	
硅藻土	注浆	—	0.54~4.96	37~74	—		
天然沸石	浸渍涂覆	850~950	0.54	—		3.2×10^3	1.96×10^4
黏土	模压	950	1.01	44	28	—	
突尼斯黏土	挤出	1000	—	38	19		
磷辉石	挤出	—	6	47	—		
高岭土	原位烧结	1250	28	43	51		

6.2.2.3 固体废弃物基陶瓷膜

煤炭经过燃烧后产生的烟气中含有大量的粉煤灰，其主要氧化物组成为SiO_2、Al_2O_3、FeO、Fe_2O_3、CaO、TiO_2等。随着我国城市化进展的加速，为满足居民生活用电，火力发电电厂燃煤排放的粉煤灰逐年增加，已成为我国主要的固体废弃物之一。大量的粉煤灰会占用大量的土地，并且通过扬尘的方式会污染大气，下雨可能会随水流进入河道引起河流淤塞，造成环境污染，对人体健康和生物生态系统造成危害。但粉煤灰可在多孔陶瓷膜行业进行资源化再利用。目前，我国大力推行粉煤灰的再利用技术，其综合利用领域主要包括建筑工程、农业、环境保护主、提取有用物质等。

煤矸石是煤矿行业所有的一种固体废弃物，是在煤矿开采过程中产生的副产品；是碳质、泥质和砂质页岩的混合物，具有低的发热值；含碳 20% ~ 30%，有些含腐殖酸。我国是煤矿开采大国，历年积累的煤矸石不仅占用大量土地资源，而且还由于其容易自燃，引起火灾和空气污染。国内外的不同学者专家尝试以粉煤灰、煤矸石为原料，添加一定量的其他原料和添加剂，制备陶瓷产品，见表6-2。

表 6-2　粉煤灰、煤矸石制备的陶瓷产品

原　料	添加剂	产　品　效　果
煤矸石、铝矾土	淀粉	可以提高孔隙率和孔径，但会降低强度，陶瓷膜支撑体的主要项是莫兰石
粉煤灰	造孔机	多孔陶瓷过滤膜，满足高温气固分离过滤介质要求
铝矾土、粉煤灰	V_2O_5	可以降低烧结温度 50 ℃左右，而且随着添加量的增加而降低
粉煤灰、$Al(OH)_2$	AlF_3	对于低温形成的莫来石晶须有帮助，同时还可以作为铝的来源
煤矸石、γ-Al_2O_3	La_2O_3	可以明显地提高莫来石的抗弯强度，使二次莫来石的形成温度降低 50 ℃左右

随着无机陶瓷膜分离技术在解决我国环境问题中应用得越来越广，高性能低成本的无机陶瓷膜已成为当前陶瓷膜行业开发与研究的发展方向。低成本陶瓷膜工业化的制备技术，提高无机陶瓷膜的工业化生产，已成为行业需要突破的重点和难点。低成本原料的选取和加工、固体废弃物在陶瓷膜中的应用、制备工艺的简单化、低温多层共烧技术等已然成为低成本化陶瓷膜的关键技术，这些技术的突破必将促进陶瓷膜在工业各领域的广泛应用。我国无机陶瓷膜的发展，使我国无机膜分离技术在国际上具有一定的竞争力和广泛应用的前景。

6.2.3　多孔陶瓷

多孔陶瓷是利用工业固废、矿山尾矿作为生产原料，添加发泡剂和稳泡剂，经高温烧结后形成具有均匀闭口气孔结构的陶瓷材料，常作为新型墙体建筑材料。其优点是轻质、机械强度高、防火不燃、保温隔热、隔声降噪、防水防潮，同时兼具施工快速整洁、可塑性强、可循环利用的优点。近些年来，国家政府部门逐渐提高对房地产建筑材料的保温隔热性能要求，提倡绿色节能建筑、安全环保施工的理念，在这样的大背景下，多孔陶瓷越来越受到人们的重视，尤其是作为新型绿色环保的建筑材料，更加得到国家的支持。

但是，发泡陶瓷行业目前还处在艰苦的探索发展时期，面临着巨大的发展挑战，归纳起来，主要是在产品、产品应用、投资前景这三大方面面临着挑战，限制了发泡陶瓷行业的进一步发展。可以说，这三方面也决定了发泡陶瓷行业的生

存与未来发展。

　　目前，发泡陶瓷依据产品的应用方向主要可分为两大类：外墙保温板和内墙隔墙板[2]。这两类产品对产品的性能要求是完全不同的。外墙保温板要求产品是薄型的，导热系数要求不大于 0.1 W/(m·K)。而发泡陶瓷隔墙板，要求产品是厚的、强度高、轻质的大板，参照一般建筑物墙体，厚度为 10~15 cm，抗压强度要达到 6 MPa 以上。行业里对于窑炉的选择，不论是隧道窑还是辊道窑，都有厂家在使用，各有优缺点。目前看来隧道窑产能更大一些。

　　发泡陶瓷行业产品标准滞后，其国家级产品质量标准还在制定中，工程验收产品的标准暂时使用《建筑用轻质隔墙条板标准》（GB/T 23451—2009）。

　　建筑墙体保温隔热材料的气孔结构主要包括气孔率、气孔孔径、气孔分布。科研人员在气孔结构对导热系数的影响方面有过不少的研究工作[3-6]。热量在多孔隔热材料中主要通过固体和气孔内气体传递。通过固体传热时，热量在碰到气孔后传热方向会变化，促使传递路线变长，减缓热量传递速度；通过气体传热时，由于气体的导热系数非常低，传热阻力大，也极大减缓了传热速率[7]。以漂珠为造孔剂时，轻质砖热导率会随总气孔率增加而指数递减。以发泡法制备的石英质高温闭孔泡沫陶瓷气孔率越高，导热系数越低。一方面，气孔内部气体自身导热系数很低，且气孔又能引起声子散射，降低了声子平均自由程，减弱了热传导作用；另一方面，材料气孔率越高，内部孔壁面积就越大，内部总反射界面也越大，这减少了材料热辐射吸收，降低热导率。此外，气孔率大，会减少固相接触点，减弱固相传热。固相和气相之间的有效传热可以用式（6-1）表示。

$$K = (K_g - K_s)P + K_s \tag{6-1}$$

式中　K——固相与气相织建的有效导热系数，W/(m·K)；

　　　K_s——固相导热系数，W/(m·K)；

　　　K_g——气相导热系数，W/(m·K)；

　　　P——气孔率,%。

　　当气孔率相同时，保温隔热材料的气孔孔径越小，气孔分布越均匀，其导热系数就越小。高永林等人[8]通过试验发现细微空隙更能显著降低材料的导热系数。在气孔率相同的情况下，孔径越小，气孔数量就会越多，增大气孔孔壁发射辐射传热，同时减少固相间的点接触，降低固相传热；孔径越小，气孔中空气对流越难，降低对流传热，降低导热系数。当气孔半径小于分子平均自由程时，导热系数达到最小值，因为在该尺度的气孔半径内气体分子运动会受阻，只表现出高温下的辐射传热；当气孔尺寸增大至一定值时，气孔内气体对流换热和辐射传热将增加，会增加导热系数。Loeb 模型给出了导热系数与气孔相关关系，见式（6-2）。

$$\lambda = 4\gamma\delta d\varepsilon T^3 \tag{6-2}$$

式中　λ——导热系数；

　　　γ——气孔形状因子；

　　　d——气孔直径；

　　　δ——辐射常数；

　　　ε——辐射总量；

　　　T——温度。

该模型只适用于孔径大于 1 μm 的隔热保温材料。当气孔尺寸小于 4 mm 时，气体对流传热量小，近似忽略不计。在小于 1 mm 的孔隙中，对流传热对传热不起作用，在总孔隙率不变时减小孔径可增大孔隙率，从而减小导热系数；当孔径小于 100 nm 时气体本身将不发生热传导，极大地减小材料的导热系数。另外闭口气孔对导热系数减弱作用比开口气孔更显著，因为闭孔中空气不流通，模拟了传热机制中流体的对流换热，使得材料的导热系数减小。

6.2.3.1　多孔陶瓷的制备

多孔陶瓷的制备是原料经过混料后在高温烧结过程中控制发泡产生大量孔洞的过程[9-10]，因此其烧结过程分为原料脱水、软化、发泡剂产生气体、晶体析出等几个阶段[11-13]。原料胚体在烧结炉中首先在高温下脱去水分，当温度升高到一定值时胚体中出现低共融现象，部分区域产生液相，胚体中吸附水和结合水挥发遗留的微小气孔会被液相填充从而产生收缩现象[14-15]。随着温度进一步升高，玻璃体中的发泡剂发生分解产生气体，液相包裹初步形成气孔[16]。自然降温后便可得到气孔均匀分布的多孔陶瓷。

6.2.3.2　多孔陶瓷的缺陷

在多孔陶瓷的制备过程中，通常会出现内部气泡分布不均、气泡孔径尺寸不理想，样品表面出现凹陷等缺陷。这些现象产生的原因多与原料的选取、配比以及温度控制等相关。

（1）样品内部气泡分布不均。这是实验过程中最为常见的现象，主要是发泡剂在配体中分布不均匀导致的。在烧结过程中，发泡剂含量高的部分气体产生速率大，导致产品气泡分布不均匀。此外还有可能是保温时间过短，胚体内部受热不充分导致样品中心气泡小，边缘气泡大。

（2）泡径不理想。这与发泡剂含量相关，同时，在发泡温度的保温时间也决定了泡的大小。在烧结过程中，温度达到一定程度配合料由固相转变为液相，同时内部发泡剂开始产生气体使内部压强增大，在液相玻璃中产生气泡。温度如果过高会降低玻璃液相黏度，气泡产生所需要克服的表面张力也减小，形成的气孔体积增大；保温时间如果过长，在相同液相黏度下内部产生的气体变多，气压增大，导致形成较大气泡。

（3）样品表面凹陷。凹陷的产生主要是由于配合料在烧结过程中未能达到合适黏度的流体状态，处于半液相半固相的玻璃体还没有在重力作用下形成平整的外表。从烧结工艺上来说，样品表面凹陷就是烧结温度低于配合料软化温度造成样品表面凹凸不平，应适当提高发泡温度或增加保温时间。

6.2.3.3 多孔陶瓷的发泡剂

多孔陶瓷气孔的形成主要是依赖于发泡剂的分解或氧化还原反应产生的气体。配合料在高温下转变为液相玻璃体，黏度大幅度降低，同时发泡剂产生的气体被液相玻璃包裹形成气孔。因此想要制备出性能良好的多孔陶瓷，必须找到合适的发泡剂。发泡剂的反应温度需要与配合料的软化点相匹配，否则难以将气体保存在玻璃网络结构之间，无法形成气孔。配合料的烧结过程中，物理化学反应十分复杂，任何反应条件的改变都有可能影响样品的物理性能。其中发泡剂在烧结过程中产生气体时会改变半液相固熔体内部的物理与化学性质，如表面张力、黏度等。在发泡过程结束后，发泡剂反应生成物会留在玻璃体内，对多孔陶瓷的液相黏度、晶相的种类、结晶程度等造成影响。

也就是说，发泡剂是使对象物质成孔的物质，依据在发泡过程中产生气体的方式不同，一般分为物理发泡剂和化学发泡剂两大类。

（1）物理发泡剂。物理发泡剂是指受热时可通过自身物理形态的改变生成气泡，在制备前将其与物料混合，加热时发泡剂气化，使物料发泡。物理发泡剂主要包括氯烃类的二氯己烷等、氟氯烃类的氟利昂等及脂肪烃类的丁烷、戊烷、己烷等。其中，较为常用的有低沸点的烷烃和氟碳化合物。物理发泡剂是复配型物理发泡剂，不仅具有发泡倍数高、泡沫稳定性好等优点，而且在菱镁水泥中使用时还能对菱镁水泥起到一定的改性作用，降低产品返卤泛霜的概率。目前物理发泡剂已广泛应用于防火板、轻质隔墙板等发泡菱镁制品的生产中，并且在某些产品中（如菱镁防火门芯等）具有事关成败的关键性作用。

（2）化学发泡剂。化学发泡剂是加热时以化学分解的方式放出一种或多种气体的物质。与物理发泡剂相比，化学发泡剂生产泡沫材料的成本与工艺难度都较高，但所得的制品性能优异。化学发泡剂种类繁多，根据发泡剂化合物类型可分为有机发泡剂和无机发泡剂，根据发泡剂发泡类型又可分别分为反应型发泡剂和热分解型发泡剂。有机发泡剂中，反应型发泡剂主要是异氰酸酯化合物；热分解型发泡剂包括偶氮化合物、肼氨基化合物、脲氨基化合物、亚硝基化合物等。无机发泡剂中，反应型发泡剂主要包括碳酸氢钠+酸、过氧化氢+酵母菌、锌粉+酸及炭黑+氧气四种反应类型；热分解型发泡剂包括亚硝酸盐、氢化物、碳酸氢盐、碳酸盐等加热时可分解产生大量气体的化合物。

目前工业生产中用到的发泡剂主要为化学发泡剂。按照发泡原理不同，分为氧化还原型发泡剂和分解型发泡剂。

氧化还原型发泡剂的发泡原理是，通过发泡剂在配合料中经高温加热与原料中某些组分发生氧化还原反应产生气体。常用的氧化还原型发泡剂有碳化硅、碳化物、碳粉等，其中工业生产中常以碳粉为发泡剂。因为碳粉价格便宜，反应稳定，反应温度大概在 600 ℃，适合大规模工业化生产使用。碳化硅的使用也较为广泛，由于碳化硅反应温度较高，通常在 1000 ℃ 以上，因此在以工业固废为原料的研究中通常使用碳化硅作为发泡剂。

分解型发泡剂是通过自身的分解反应释放气体，使多孔陶瓷形成气孔。常用的分解型发泡剂有碳酸钠、碳酸钙、白云石等。需要注意的是碳酸钠、碳酸钙的分解会产生氧化钠与氧化钙。二者分别属于碱金属、碱土金属氧化物，在硅酸盐玻璃网络结构中充当网络中间体，提供极性较大的氧离子，破坏 [Si-O-Si] 桥氧键，影响液相玻璃的黏度和表面张力。周虹伶等人以废玻璃和高炉渣为原料，采用一步法粉末烧结制备多孔陶瓷，以碳酸钙为发泡剂，研究了不同添加量的发泡剂对高温下玻璃的晶化和发泡效果的影响。试验表明一定范围内碳酸钙会促进晶相的生成并使气孔孔径减小，发泡剂最佳引入量为 3%。

6.2.3.4 发泡剂的选取要求

要制得性能优良的多孔陶瓷，发泡剂的选取和使用是一个关键因素。在其他原料成分和质量已稳定的配合料中，发泡剂的选用、含量和颗粒级配对泡沫玻璃制品中的气体量及孔径分布将带来很大的影响。理想的发泡剂应满足下列要求：

（1）发泡剂分解产生气体的温度范围应当狭窄，且与配合料的熔融温度相匹配；

（2）发泡剂释放气体的速度应快，发气率应能控制，气体能在熔融体内均匀分布；

（3）发泡剂释放出来的气体应无毒、无腐蚀、不燃烧，以氮气最好，二氧化碳也可以，还可以是二氧化氮，但二氧化氮气体有腐蚀性，最好不用；

（4）发泡剂应容易分散均匀，能同配合料混熔者为最佳；

（5）发泡剂价廉，存储稳定，无毒；

（6）发泡剂分解后的残渣应无毒，不影响配合料的熔融速率和固化；

（7）发泡剂分解时不应大量放热，不影响配合料熔融及固化。

6.2.3.5 结合剂

泡沫玻璃配合料中的 SiO_2 和 $Na_2O\text{-}SiO_2$ 等主要成分的熔点较高，比发泡剂加热开始生成气体的温度和加速发泡的温度都要高，因而在配合料还没加热到烧结温度的时候，发泡剂已经开始分解产生气体，从配合料颗粒间逸散出去，降低了玻璃的气泡率。为避免这种缺陷，需在配合料中引入一定量的结合剂（或称黏结剂），混合均匀后致密压制，以改善烧结体中的气体保存量。常用的结合剂有有机酸、水玻璃、水、聚乙烯醇溶液等。其作用机理包括：

（1）液体的流动性强，能在配合料颗粒的空隙中与其表面产生物化吸附，使物料紧密堆积。

（2）溶液状态下的结合剂有利于配合料的均匀分散，同时还能使物料的导热能力得到提高。

（3）致密压制的坯体增加了气体逸散的阻力，使更多的气体在发泡时在坯体内存留，有利于制得低密度的制品。

6.2.3.6　助熔剂

大部分发泡剂的反应温度都比玻璃的熔融温度低，发泡时气体容易从未致密的坯体中逸出。只有当发泡剂大量分解时，软化的配合料以玻璃相的形态将生成的气体包裹起来，才能制得气体率高的泡沫玻璃。为此，通常将适量的助熔剂（又称促进剂）加入配合料中来调整配合料颗粒的表面性质，使配合料的黏度降低，降低玻璃熔融的难度。助熔剂的适宜用量为 5% ~ 9%，常用的包括 B 金属盐、碱土金属盐和碱金属盐等，如 As_2O_3、Sb_2O_3、MnO_2、Na_2SiF_6、Na_2CO_3、$Na_2[B_4O_5(OH)_4] \cdot 8H_2O$、乙二氨盐。

以碱金属盐的作用为例，微观的玻璃是大小不同的 $[SiO_4]$ 四面体群结构，加热到高温时，群内（间）的孔隙（自由体积）较大，碱金属离子可以在其中穿插移动，和氧离子形成部分极性共价键，硅氧键成分减少，作用也减弱，熔体黏度降低；低温状态下，群内（间）空隙较小，$[SiO_4]$ 四面体群由小到大聚合，此时碱金属离子的移动受阻，但能在一些四面体中按一定的配位关系存在，这造成了玻璃结构局部的不均，结构强度降低。上述影响使得玻璃的软化或熔融温度降低，在一定程度上加速了玻璃的熔化。

6.2.3.7　稳泡剂

稳泡剂（又称稳定剂、改性剂）是通过防止玻璃熔体中小气泡破裂或相互之间形成连通孔来而稳定气泡结构的一种添加剂。通常具有极性共价键、半金属共价键或场强大的过渡金属元素，能在熔体中形成 $[MO_4]$ 四面体结构，都能用来作为稳泡剂。常用的稳泡剂包括 Al_2O_3、ZrO_4、ZnO、BeO、醋酸盐、磷酸盐、硼酸盐等。

稳泡剂的作用机理为：高温时，磷酸盐或硼酸盐会分解生成 P_2O_5 或 B_2O_3，在熔体中形成 $[PO_4]$ 四面体或 $[BO_4]$ 四面体，与 $[SiO_4]$ 四面体一起构成连续的网络结构，起到修补网络的作用，使已断裂的小型 $[SiO_4]$ 四面体群重新连接为大型四面体群，增大网络连接程度，提高熔体的聚合度，使玻璃熔体高温下的黏度提高，气泡壁变薄的速度减慢，稳定气泡结构。

6.2.3.8　其他添加剂

（1）表面活性剂。在湿法球磨玻璃配合料过程中，玻璃会与水产生水解反应，形成碱金属水化物和胶体状的硅酸凝胶。硅胶会使料浆在烘干时形成坚硬的块体，不能直接用于发泡。如在湿磨前在配合料中混入适量的表面活性剂，可使料浆的凝聚速度降低，使物料呈疏松的粉状，可直接用来发泡。球磨过程中，表面活性剂还能使配合料颗粒与球磨介质更好的浸润，有利于配合料各成分的混合均匀。

（2）脱模剂。使用模具装填法制备泡沫玻璃时，高温下软化的玻璃配合料会与耐热金属模具黏结在一起，烧成退火后制品难以与模具脱离，这使得脱模过程中既增加了劳动强度，又可能对毛坯制品的性能造成较大影响，同时还会缩短模具的使用寿命。因此，装入配合料前通常会在模具内侧涂抹一层脱模剂并烘干以方便脱模，常用的方法是把高岭土、硅砂、石墨等耐高温材料按一定比例和水混合成黏稠状的脱模剂。

（3）晶核剂。晶核剂在玻璃体中的作用主要是促进多孔陶瓷的晶化。烧结晶化过程包括晶核的形成和晶体的生长两部分。晶核剂的引入可以创造非均匀成核条件，促进晶核形成。在高温玻璃基质中，晶核剂以离子状态存在，得到电子后变为原子状态，因其溶解度在液态玻璃较小，退火过程中以胶体形态析出，然后吸附附近的碱土金属原子或原子团形成晶体。常用的晶核剂有贵金属和金属氧化物，如金、银、二氧化钛、三氧化二铁等。

6.2.3.9　热处理工艺对制备多孔陶瓷的影响

多孔陶瓷烧结过程的热处理工艺应重点关注脱水温度、配合料软化温度、发泡温度、退火流程、晶化温度、保温时间、升温速率等关键因素。其中配合料的脱水温度、软化温度、晶化温度可以通过 DSC-TG 分析得出，升温速率、发泡温度、保温时间需要通过对比试验才能找到合适的数值。找到合适的热处理工艺不仅能提高样品的物理性能，增加烧结功率，而且还能有效地节约原料和能量，具有很大的经济价值，因此这也是工业化生产的重点研究问题。

（1）升温速率。多孔陶瓷是玻璃体、气体、晶体生成的共同结果，而主体部分玻璃体处于亚稳状态。从力学的角度来看，玻璃体处于一种不稳定的高能量状态，比如存在向低能态转化的趋势，其能量介于熔融态和结晶态之间。过高的升温速率会导致配合料胚体因内外温度差异过大玻璃体形成断层，致使样品孔径大小不均，或产生裂纹；过低的升温速率则会延长烧结时间，发泡剂产生的气体有可能会在配合料软化前逸出。所以合适的升温速率有利于稳定玻璃体的形成，通常升温速率在 10 ℃/min 左右。

（2）发泡温度。多孔陶瓷的气孔形成主要在发泡温度下进行，因此发泡温度的确定直接影响孔径的形成效果。李秀华、吴真先等人以废玻璃、粉煤灰等为主要原料制备多孔陶瓷，研究烧结工艺对样品性能的影响，研究结果均证明了发泡温度对样品的物理性能影响最大。发泡温度过高会导致配合料液相黏度降低过快，无法有效包裹气泡，从而造成气体逸出、孔径不均等现象；发泡温度过低时，配合料胚体黏度大，不能形成液相和玻璃结构。

（3）退火。退火过程主要是为了消除烧成的玻璃应力，同时有助于晶粒形成与生长。退火过程过长，会导致晶体过饱和析出，影响发泡效果并增大样品体积密度。退火过程过短，会造成玻璃快速冷却，容易使样品出现裂纹，影响玻璃抗压强度。

（4）保温时间。保温过程主要是为了使玻璃发泡充分。保温时间的长短直接影响样品的孔隙率和体积密度。合适的保温时间有利于配合料中发泡的均匀和玻璃相形成；保温时间过短可能会造成胚体发泡不充分，样品体积密度高，气孔率小；保温时间过长会致使玻璃相中气孔的生长时间变长，泡孔孔径变大、孔壁变薄，导致形成连通孔，得到的样品抗压强度低。

6.2.4 透水路面砖

近年来，随着城市建筑区域的不断扩张，城市路面硬化率不断提高。每到多雨季节，一些城市就会发生内涝灾害，路面积水严重，这不仅影响了人们的生活，更给社会经济造成了巨额损失。为了顺应我国低碳生态城市的建设理念和可持续发展需求，有效改善城市积水问题，保障新型城市建设的安全，在 2012 年低碳城市与区域发展科技论坛中首次提出了"海绵城市"这一概念。海绵城市的核心是"蓄"和"排"，它的建设离不开透水铺装材料。如果把海绵城市看作人体，那么透水材料就充当了肺的功能，可以有效地过滤、疏导、储存雨水，缓解目前的环境问题。因此，未来生态环保城市的建设发展离不开透水路面砖。

透水路面砖是一种长 200 mm、宽 100 mm、高 40 mm 或 50 mm 的实心地面砖，最早起源于荷兰，故又称为荷兰砖。荷兰砖自身没有孔隙，它主要通过铺装过程中在砖体之间预留空隙而实现透水性能。20 世纪 70 年代在可持续发展思想的指导下，为了替换原有的封闭性铺装材料，英国率先开展了新型透水性路面材料的研究，并将其应用于试验路段。试验者采用无砂混凝土作为原料铺摊建造了一个试验路段，经过 10 年之后，该路段由于抗压强度较低的原因会出现受损，而且透水性能也基本失效。为此，研究者把研究方向指向了提高路面透水材料的强度和透水性能上。

6.2.4.1 透水路面砖的特性

（1）对环境良好的保护能力。现代社会的快速发展，导致城市建设加快，工业生产加速，随之而来的问题就是固体工业废料、建筑废弃物成为当下社会环境的一大难题。这类垃圾没有被回收和循环利用，而是被随意堆放或就地填埋，侵占土地，给居民生活以及交通带来了极大的不便，而且一些重金属固体工业废弃物在温度和水分的作用下，会分解产生有害气体，污染空气甚至危害人体健康。而透水路面砖是真正的新型绿色环保建筑材料，是对固体工业废料、建筑垃圾等的循环利用，实现了从原材料到生产过程的节能减耗和资源循环，解放了城市大量被占用的土地，改善了城市居住环境，达到了变废为宝、节能减排和资源循环利用的目的。

（2）具有优秀的透水性能，保护地下水资源。目前人们的供水主要依靠地下水，而地下水资源主要是靠雨水得以补充。但是我国人口众多，地下水资源没有被合理开采，地下水储存量急剧减少，水位严重下降，导致现在我国许多城市水资源匮乏，影响人们生活，甚至可能危害整个陆地生态系统。而透水路面砖可有效地缓解这种状况。其透水性能良好，雨水可以通过透水路面砖渗入到地下土壤中，保证城市积水及时下行，很好地补充土壤的水分和地下水，使大地恢复储存水的能力，防止地下水枯竭，可有效滞洪蓄雨、涵养甘霖。

（3）具有优秀的透气性能。传统硬化的路面没有透气性能，也没有保水性能，不存在水分蒸发的可能性，破坏了原来的自然循环，阻隔了地上与地下间的水汽热能交换，导致城市形成"热岛效应"。透水路面砖由于自身的多孔结构，能够与空气进行良好的接触，因此能很好地调节大气温度，净化空气，降低周围环境的温度，而且能够调节地表局部空间的温湿度，改善城市温湿度，恢复地表的水循环系统，缓解城市"热岛效应"问题，维护城市生态平衡。

（4）具有良好的吸声降噪性能。多孔质材料由于其本身的特性，因此具有吸收噪声、吸收灰尘的功能。声波传入透水路面砖内部的过程中，会经过其内部孔隙，从而引起孔隙中的空气运动，与孔隙中的空气发生摩擦，消耗掉一部分声能，从而使声波衰减，减小噪声对人们生活的影响，营造良好的城市声环境。

（5）舒适性和安全性。透水路面砖表面的微小凹凸，能防止路面反光，且雨雪天气能防滑，方便人们出行。透水路面砖作为一种新型绿色环境材料，其具有对环境良好的保护能力、优良的透水性能和透气性能、优秀的舒适安全性能，可有效改善目前的"看海"以及"热岛效应"问题，使城市具有良好的弹性，即能够适应自然灾害所带来的环境变化，减轻灾害带来的损失和负面影响。现在透水路面砖已经广泛应用在停车场、园林工程、广场以及城市道路等区域。

6.2.4.2 透水路面砖的类型与造孔方法

透水路面砖是指具有一定尺寸和数量孔隙结构的陶瓷砖。对于透水路面砖来说，要么通过其自身空隙进行透水，要么通过砖体与砖体之间的连通孔隙进行透水，而且透水路面砖必须具有一定的抗折、抗压强度来满足铺装时路面使用要求。影响透水路面砖透水性能的因素有很多，比如填充颗粒粒径、成型压力、烧结制度等，而影响透水路面砖强度方面的因素一般是填充原料的选择，可以通过调节制备工艺条件来得到预期性能的透水路面砖。从材质和生产工艺上来说，透水路面砖可以分为烧结透水路面砖和非烧结透水路面砖两大种类。两种透水路面砖的制备原料和生产工艺都不同，但是透水原理及铺设方法基本相同。

烧结透水路面砖的孔隙大小、多少直接影响其透水系数、抗压强度、抗折强度等性质，因此研究透水路面砖的孔隙率以及孔隙形成方法是非常有必要的。烧结透水路面砖具有一定尺寸和数量的孔隙结构，根据其孔隙结构性质又可被称作多孔陶瓷。从微观孔结构形式上来说多孔陶瓷可分为两种即闭气孔和开气孔结构，如图6-2所示。

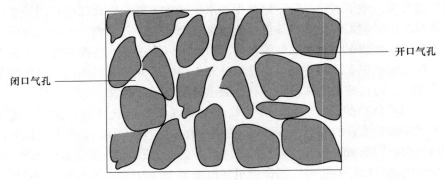

开口气孔

闭口气孔

图 6-2 透水路面砖的孔结构

A 添加剂造孔法

添加剂造孔法是指向坯体内加入造孔剂物质，利用造孔剂本身不活泼且不会与坯体内任何物质发生反应的性质，通过燃烧成灰烬或溶剂消除的方法，使造孔剂本身占据的体积形成孔隙。

添加造孔剂旨在增加多孔陶瓷的气孔率，其必须满足三个条件才可以使用，即本身性质不活泼，添加进坯体后不会与物质发生任何反应；易除去，经过高温烧结后留下孔隙；不管以燃烧后挥发或者被溶剂消除的任何方法都不可以在基体中留下有害物质。当然造孔剂的添加量以及造孔剂的粒径大小对最终制备的多孔陶瓷的孔隙率以及孔径大小都有很大影响。

B 添加发泡剂法

添加发泡剂造孔法是指向陶瓷配料中添加无机或有机化学物质，发泡剂发生一系列化学反应产生气体挥发后形成泡沫，干燥后经烧结得到多孔陶瓷。不同的发泡剂具有不同的发泡温度，且此温度不固定，一般是一个温度范围。通过添加发泡剂造孔法这种工艺制备的多孔陶瓷一般制品气孔率较高，气孔形状和气孔大小可根据需要来制备，并且可以控制气孔的形状和密度。但是添加发泡剂造孔法也有着一定的缺点，比如工艺流程复杂，花费成本高，而且在制备多孔陶瓷的过程中一般是根据经验来进行调节发泡剂用量的，这样就会导致最终制品的性能、规格不一致。

C 颗粒堆积法

颗粒堆积法是在基体中加入骨料和易于烧结的黏结剂，经过高温熔融后产生液相从而将骨料黏接起来，颗粒与颗粒之间形之间的连接仅仅是几个点的相互连接，所以最终会形成大量的三维贯通孔道。由于颗粒与颗粒之间的接触以点与点接触为主，因此骨料颗粒越大，平均孔径也就越大，多孔陶瓷制品致密度越小。颗粒堆积法优点众多，内部骨料连通的孔隙一般是开口孔结构，孔径较大且均匀，高温烧结过程中不会发生变形，而且试样的气孔大小可以根据需求通过协调骨料粒径的大小和成型压力的大小来控制。因为透水路面砖性能上要求高透水率且变形度较小，而颗粒堆积成孔孔径较大，不易变形满足这种要求，所以多采用这种方法制备透水路面砖。

6.2.5 陶瓷材料碳化硅和污泥碳化工艺

由于城市固废中排水污泥排放量大且无机分子组成多为 SiO_2，与陶瓷原料成分相似，因此研究开发城镇污水处理厂脱水污泥经碳化炉处理，使其成为污泥碳化物亦即陶瓷原料，能实现城市固废的减量化与资源化。因此，这种较为经济且能变废为宝的新工艺从可持续发展角度考虑是可以深入研究并推广应用的。此外，碳化硅陶瓷具有高温强度大、高温蠕变小、硬度高、耐磨、耐腐蚀、抗氧化、高热导率、高电导率以及热稳定性好等优异性能，用于热力采暖的民用或工业管路，其发展前景十分广阔。

污泥碳化处理工艺，是将城镇污水处理厂污泥计量破碎后，作为陶瓷的原料投入碳化炉——通用的内热式回转炉中，并向投入炉内的脱水污泥循环添加碳化物以调整污泥的性状和水分，从而使其成为陶瓷原料即污泥碳化物。其化学成分主要为石英砂的脱水污泥加入碳质原材料，如石墨粉、低灰分无烟煤或石油焦炭等。其反应式为

$$SiO_2 + 3C \Longrightarrow SiC + 2CO$$

由于碳化炉各区带的温度不均匀，因此同时也会发生一些中间反应，生成 SiO 或者 Si，进一步碳化后可以生成 SiC。该工艺对碳质材料要求是灰分低，对其他金属氧化物的含量加以限制，防止碳化物过分分解，防止硫化物等有害气体的产生。此外，增加原料透气性来增加气体的排出效率可以提高生产效率。该工艺的维护费用和脱水污泥的处理费用相当，作为碳化产品的陶土管已得到有效利用。该技术对固体废物的陶瓷化利用的开发和利用具有深远意义。

参 考 文 献

[1] 刘晶. 低成本固废基无机陶瓷膜的反应制备与性能研究 [D]. 广州：华南理工大学，2015.

[2] 罗学维，石朝军，陈上，等. 电解锰渣制备轻质发泡陶瓷保温板工艺及性能研究 [J]. 中国锰业，2016，34 (6)：125-129.

[3] 丁力. 利用页岩制作发泡陶瓷的研究 [J]. 陶瓷，2015 (4)：23-27.

[4] 黄洁宁，胡明玉，彭金生. 利用煤矿废弃物页岩制备泡沫隔热陶瓷研究 [J]. 陶瓷学

报, 2014, 35 (2): 168-172.

[5] 程国威. 冶炼渣制备多孔玻璃陶瓷的研究 [D]. 包头: 内蒙古科技大学, 2020.

[6] 韩耀. 钙长石基多孔陶瓷的结构设计、制备及性能研究 [D]. 北京: 北京交通大学, 2014.

[7] 马中平. 发泡陶瓷行业的挑战与未来 [J]. 佛山陶瓷, 2020, 30 (1): 1-4, 22.

[8] 张勇林. 高温发泡陶瓷制备基础研究 [D]. 广州: 华南理工大学, 2014.

[9] 彭团儿, 李洪潮, 刘玉林, 等. 工业固废制备发泡陶瓷研究及应用进展 [J]. 陶瓷, 2019 (12): 9-22.

[10] 王晓丽, 李秋义, 陈帅超, 等. 工业固体废弃物在新型建材领域中的应用研究与展望 [J]. 硅酸盐通报, 2019, 38 (11): 3456-3464.

[11] 高波. 固废磷化渣资源化的研究 [D]. 湘潭: 湘潭大学, 2011.

[12] 海万秀, 韩凤兰, 姜木俊, 等. 过滤用镁渣多孔陶瓷的制备与渗透性能 [J]. 人工晶体学报, 2017, 46 (10): 2003-2007.

[13] 彭团儿, 王玉文, 郭珍旭, 等. 可用于制备发泡陶瓷的固废综合利用现状及研究进展 [J]. 佛山陶瓷, 2020 (2): 1-9.

[14] 徐晓虹, 邸永江, 吴建锋, 等. 利用固体废弃物制备多孔陶瓷滤球的研究 [J]. 陶瓷学报, 2003, 24 (4): 197-200.

[15] 魏东. 煤基固废低温烧结透水路面砖的研制 [D]. 太原: 太原理工大学, 2018.

[16] 付春伟, 刘立强, 于平坤, 等. 造孔剂种类对粉煤灰多孔陶瓷性能的影响研究 [J]. 粉煤灰综合利用, 2011 (2): 12-15.

7 玻璃固化技术

玻璃固化技术是一种把固体渣料掺和在玻璃基础料中形成玻璃固化体的技术。渣料通过浓缩、煅烧等将所含的盐分转化为氧化物，然后再与玻璃基料一起熔融，最终浇注成玻璃固化体。玻璃固化技术可以同时固化渣料里全部组分，也可以处理废液和长寿命超铀核素废物。其优点在于固化浸出率低，减容比较大，辐照稳定性和导热性较好，更加利于运输封存。现在玻璃固化技术相对比较成熟。但是玻璃固化体是非平衡相，热稳定性差，在高温或者潮湿条件下固化的元素易被浸出而影响固化效果，且制备成本高，工艺复杂，不易操作，会产生二次废物。

7.1 国内外玻璃固化技术的发展

7.1.1 玻璃固化技术的发展历史

20 世纪 50 年代以来，玻璃固化技术迅速发展，取得一定的成果并被广泛应用[1]。玻璃固化技术不仅仅被应用于固化高放废物，同时还被应用于生产超铀元素产生的核废物的处理。

玻璃固化系统主要由热源、炉体、进料系统、产物排出系统以及尾气处理系统等五个部分构成。法国是世界上首个将玻璃固化技术进行工程化应用的国家，并于 1978 年成功研发了旋转煅烧炉和热熔炉技术[2-3]，通过不断改进，该技术于 1991 年出口到英国，已经运行了近 30 年。为提高玻璃固化体的质量和降低产生的废物，法国仍在进行玻璃固化技术的优化，目前重点研发冷坩埚技术[4]。

近年来，玻璃固化技术进入法国、英国、比利时、美国、俄国、日本等发达国家工程化应用阶段。其中，玻璃固化高放射性废物是重要的应用领域，其先后经历了如下四个阶段：

（1）感应加热金属熔炉+一步法罐式工艺。该阶段采用的是感应加热金属熔炉和一步法罐式工艺，将高放射性废液浓缩后与玻璃原料分别加入金属罐中，利用中频感应加热将废液在炉中蒸发后与玻璃原料混合熔融，形成玻璃体，达到固化的目的。这种熔炼工艺最早是法国和美国研发的，如法国的 PIVER 装置[3]。到了 20 世纪 70 年代，中国原子能科学研究院也研究了罐式工艺。第一代罐式固化工艺因为气熔炉的寿命短，只能批量生产，并且对核废物的处置能力低等，已逐渐被淘汰。

（2）回转炉煅烧+感应加热金属熔炉。该阶段熔制工艺采用回转炉煅烧加感应加热金属熔炉两步法，将高放射性废液在煅烧炉中煅烧形成固体，再将煅烧物与玻璃原料放在感应炉中加热，形成玻璃体，达到固化目的。法国的 AVM、AVH 及英国的 AVW 都属于这种工艺。这种处理工艺在第一代的基础上，对核废物的处理能力有了明显的提升。

（3）焦耳加热陶瓷熔炉工艺。该阶段熔制工艺为焦耳加热陶瓷熔炉工艺。这种玻璃固化技术最早是由美国太平洋西北国家实验室（Pacific Northwest National Laboratory，PNNL）研发，为了处理欧华公司寄存的高放废物，西德公司首先在比利时莫尔使用了 PAMELA 设计的熔炉，利用焦耳加热陶瓷炉中的熔体电极在通过电流时产生焦耳热加热[5]。截至目前，美国、俄罗斯、日本、德国和中国都采用焦耳加热陶瓷熔炉工艺。

（4）冷坩埚感应熔炉工艺。该阶段采用的是冷坩埚感应熔炉，通过高频电流的线圈在熔体表面产生感应电流使其融化。坩埚壁为水冷套管，水冷套管中通入冷却水，在坩埚壁内侧由于冷却作用形成一层固态的玻璃凝壳，玻璃溶液被包在玻璃凝壳内，保护炉体不被侵蚀从而延长使用寿命。熔炉工作温度高，可达 1600 ℃，可处理多种核废料，适用性强，同时具有较大的生产能力。其缺点是耗能大，效率低，但总体利大于弊。目前，法国马尔库尔已经建成了两座冷坩埚处理熔炉，将在拉阿格玻璃固化工厂处理核废物。意大利也从法国引进了该技术，用来处理萨罗吉亚所积存的高放废物。法国和韩国合作开发冷坩埚熔炉技术，冷坩埚感应熔化器于 2009 年正式投入使用，成为世界上第一台采用冷坩埚技术的商运装置[6]。美国汉福特的废物玻璃固化也考虑选择该技术，俄罗斯已在莫斯科拉同（RADON）联合体和马雅克核基地建立了冷坩埚玻璃固化验证设施。此外，等离子体熔炉和电弧熔炉等也在开发中。

我国从 20 世纪 70 年代初开始高放废液玻璃固化处理技术研究，尽管起步较晚，但取得了良好的研究成果。我国先后开展了罐式熔炉、电熔炉、冷坩埚三种工艺的研究，目前电熔炉固化技术已实现工程应用，同时为配合各种固化工艺，我国还开展了玻璃固化配方的研究。鉴于电熔炉技术在处理能力、使用寿命等方面相较罐式法的优势，在 1986 年经过专家论证确定将电熔炉技术作为我国建立的第一个玻璃固化工厂的首选技术，并开始进行该技术研究。1994 年某公司建立了玻璃固化电熔炉工程规模 1∶1 冷台架，处理能力最高可达 60 L/h。2000 年和 2001 年在此冷台架上进行了两轮玻璃固化运行试验，共加料运行 800 多小时，生产了 25 t 玻璃，熔炉实际生产玻璃速率约为 26 kg/h。对运行过程中取出的四百多个玻璃样品进行性能测试，结果表明与实验室配方研制所测数据吻合良好[1]。2014 年 6 月 27 日，我国实现第一罐混凝土浇筑，标志着玻璃固化工程进入工程建设阶段。某研究院根据我国高放废液的高钠、高硫特点，设计并优化配方在德国电熔炉和我国电熔炉上进行了验证。

目前我国正积极研发国际先进的玻璃固化工艺——冷坩埚玻璃固化技术[7]，在玻璃固化技术研究上已经具备了很好的基础，今后应加大科研力度，加快冷坩埚玻璃固化技术的研发进度，满足我国核废料处理的需求。

7.1.2 玻璃固化铬镍渣研究现状

玻璃固化技术是一种把固体渣料掺和在玻璃基础料中形成玻璃固化体的技术。渣料通过浓缩、煅烧等将所含的盐分转化为氧化物，然后再与玻璃基料一起熔融，最终浇注成玻璃固化体。借助玻璃体的致密结构，确保重金属的稳定固化。玻璃固化技术可以同时固化渣料里全部组分，也可以处理废液和长寿命超铀核素废物。其优点在于固化浸出率低，减容比较大，辐照稳定性和导热性较好，更加利于运输封存。现在玻璃固化技术相对比较成熟，应用于处置工业固体废弃物逐渐被重视，国内外进行了大量的研究。但是玻璃固化体是非平衡相，热稳定性差，在高温或者潮湿条件下固化的元素易被浸出而影响固化效果，且制备成本高，工艺复杂，不易操作，会产生二次废物。

熔融固化技术是目前国内外较先进的危险固废无害化处理方法，是世界各国最为推崇的固化技术。垃圾焚烧飞灰玻璃固化技术应用最为广泛，在 1400 ℃高温燃烧，将垃圾飞灰中的有机物分解、气化，无机物则熔融形成玻璃态的熔渣。玻璃固化技术不仅可以有效地避免有毒重金属浸出，而且可使灰渣变得非常致密，减容效果非常显著；并能够有效地固化铅和镉等重金属保证其长期稳定性。另外玻璃态的熔渣还能够再利用制成建筑材料或作为玻璃、陶瓷等行业生产的原料，实现灰渣的资源化利用[8-10]。但采用高温熔融工艺需要消耗大量的能源，同时又由于其中的 Pb、Cd 等易挥发重金属后续需进行严格的烟气处理，故处理成本很高。通过向固废中添加助熔剂后可以不同程度地降低熔融温度，减少熔融过程中飞灰的挥发量。

浙江大学严建华课题组发明并公开了一种危险废物焚烧及焚烧飞灰熔融固化一体化的方法和系统。危险废物通过熔渣式回转窑和二燃室组成的多段焚烧炉进行焚烧熔融处置，焚烧烟气经余热锅炉进行热量回收，布袋除尘器捕集的飞灰通过仓泵和飞灰回送管路送回熔渣式回转窑，与医疗垃圾的配伍在熔渣式回转窑内实现高温熔融，经水淬后形成玻璃态熔渣，重金属包裹于熔渣内，实现重金属的稳定固化。该方法充分利用危险废物焚烧产生的热能为飞灰的熔融固化提供能量，实现危险废物无害化处置的同时解决了飞灰稳定化处置成本高的问题，降低了运行成本，达到节能减排、以废治废的效果；通过一体化设计，集成系统连接合理紧凑，采用设备结构成熟，具有较好的经济性。刘德绍[12]发明了一种废弃物熔融固化处理系统与方法，使处理垃圾与垃圾输送能力更强，增加了垃圾处理量，减少热损耗和提高热交换效率，热量的回收效率较高，有效地减少污染物排放量。王华[13]发明了一种重金属污泥高温熔融固化方法，该方法得到的熔融固化体浸出毒性达到一般固体废弃物标准，且该熔融固化体具有较高的强度，减容率高，长期稳定性强，固化彻底，减少了重金属污泥在处置过程中的二次污染。

含铬、镍危固的玻璃化固化方法近年来日益受到重视。玻璃化处理后，重金属离子固化在玻璃体中，浸出风险低，可以直接填埋[14-18]。研究表明，对高金属含量的废渣，在玻璃化过程中，金属液与液态渣两相分离，可以回收一定量的合金，实现资源回收再利用。铬镍合金渣与白云石、石灰石、废玻璃等辅料混合后，经 1450 ℃ 熔融后快速冷却可实现铬镍合金渣的玻璃化。将铬电镀渣、废玻璃和底灰混合进行玻璃化，结果表明 98% 以上的铬及其氧化物被固化在玻璃体中。张深根教授团队针对镍渣、铬渣熔融固化做了大量研究，发明了多项专利[19-21]，该团队利用铜镍水淬渣配合托海尾矿、石灰石在 1400~1600 ℃ 保温熔融 1~6 h 得到玻璃溶体，再经退火处理得到基础玻璃，利用基础玻璃制备高附加值的微晶玻璃。该团队还研究了铬渣配合危险固废熔融制备基础玻璃[22]，将重金属元素稳定固化，避免了污染，同时获得高附加值的微晶玻璃，实现了危固的无害化、高值化利用，具有显著的环保和经济效益，市场前景广阔。

铬渣被用作着色剂加入玻璃早有尝试并得到实际应用。铬渣含有的 Cr^{6+}、Cr^{3+}、Fe^{3+}、Fe^{2+}、Ti^{4+}、Ti^{3+}、Mn^{4+}、Mn^{3+}、Mn^{2+} 等，能使玻璃着色，且作为玻璃组成的一部分，对离子固化具有良好效果。为解决工业废渣造成的环境污染、降低颜色玻璃制作成本，方久华[23-24]以铬渣和锰渣为主要原料配制玻璃着色剂制作颜色玻璃，粒度小于 0.2 mm 的废渣着色剂熔化良好，着色均匀，加入废渣用量不超过 5% 的调节剂，能使玻璃着成蓝色、绿色、黄绿色、棕红色以及黑色等各种颜色。他同时研究了提高铬渣在玻璃化过程中的处置效率，以铝矾土调节原料时，理论上配合料中铬渣掺入比例可达 89.11%，考虑到熔制条件对熔窑寿命的影响，掺入比例为 57% 左右为宜，如果加入助熔剂、极化率高的阳离子等，掺入比例可达 65.6%。肖汉宁等人[25]对以铬渣为主要原料制造微晶玻璃进行了有效探索，指出铬渣用量超过 40% 时玻璃容易析晶。大剂量掺入铬渣可用于制成玻璃马赛克、泡沫玻璃等玻璃产品；如果以铬渣作为着色剂制作绿色、蓝绿色玻璃，可有效防止铬渣中残留铬铁矿导致玻璃中出现黑点、着色不均匀等缺陷。

7.2 玻璃的结构与形成规律

7.2.1 玻璃的结构

玻璃的结构是指原子或者离子在几何空间的配置及在玻璃中形成的结构形成

体。由于玻璃结构的复杂性，人们对玻璃结构的认识是一个不断深化的过程。近百年来，人们提出了晶体学、无规则网络学、胶体学、高分子学等，其中晶子学说和无规则网络学说[26]较好地解释玻璃性质。

7.2.1.1 晶子学说

晶子学说是由著名科学家列别捷夫在1921年基于玻璃折射率随温度变化这一现象提出来的。晶子学说认为，玻璃是由无数"晶子"组成的，晶子不同于其他微粒子，具有晶格变形的有效区域，晶子分散在无定型介质中，从晶子部分到无定型部分逐步完成，两者没有明显界限。晶子的化学性质取决于玻璃的化学组成。在晶子中心，质点的排列较有规律。离晶子中心越远，则变形程度越大。晶子分散在无定型介质中，从晶子部分到无定型部分是逐渐过渡的，两者之间没有明显的界线。图7-1为石英玻璃中晶子分散的示意图，其中阴影区域是晶子，周围是无定型的介质，它将各个晶子黏结起来。

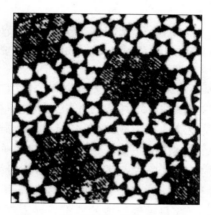

图7-1　晶子学说的玻璃结构模型

晶子学说揭示了玻璃中存在着规则排列区域，即短程有序区域，这是该学说的合理部分，并为射线衍射图谱所证实。总的来说，晶子学说强调了玻璃结构的短程有序性、微观不均匀性和不连续性，对于玻璃分相、晶化等本质的理解有重要价值。特别是在发现微观不均匀性是玻璃的普遍现象之后，晶子学说得到了更为有力的支持。但是，晶子学说对晶子的尺寸、晶子的含量以及晶子的化学组成等重要问题未能给出合理的答案。

7.2.1.2 无规则网络学说

无规则网络学说于1932年由查哈里阿森提出。该学说认为，熔融石英玻璃的结构与石英晶体结构类似，是以硅氧四面体为结构单元，由氧离子多面体以顶角相连形成的三维空间网络。其排列是无序的，缺乏对称性和周期性的重复。电荷高的离子位于网络多面体中心，半径大的变性离子在网络空隙中统计分布，每个变价离子都有一定的配位数。图 7-2 所示为无规则网络学说的玻璃结构模型。

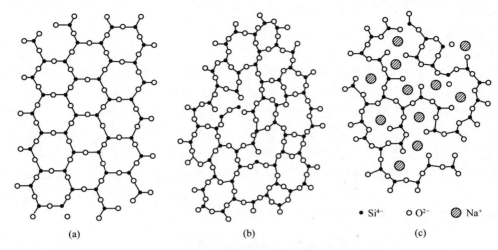

(a)   (b)   (c)

• Si⁴⁻   ○ O²⁻   ◿ Na⁺

图 7-2 石英晶体与石英玻璃、钠硅酸盐玻璃的结构
（a）石英晶体；（b）石英玻璃；（c）钠硅酸盐玻璃

无规则网络学说的基本观点后来也被射线衍射结果所证实，它宏观上强调了玻璃中多面体相互排列的连续性、统计均匀性和无序性，可以解释玻璃的各向同性、内部性质均匀性以及玻璃性质随成分变化的连续性等基本特点。因此，无规则网络学说占据着玻璃结构学说的主流。

总的来说，玻璃结构的晶子学说与无规则网络学说分别反映了玻璃结构这个比较复杂问题的两个不同方面。这两个方面既矛盾又统一，在一定条件下可以相互转化。短程有序和长程无序是玻璃结构的特点。在宏观上，玻璃主要表现为无序、均匀和连续性。在微观上，玻璃又是有序、微不均匀和不连续的。近年来，由于电子显微镜等一些新型的结构分析仪器的使用，发现液相分离分相是玻璃形成系统中普遍存在的现象后，玻璃结构理论的发展进入了一个崭新的阶段。

基于对玻璃结构与性质的研究，诸培南提出了将玻璃按结构分为"真实玻璃"和"理想玻璃"，如图 7-3 所示。

图 7-3 玻璃按照结构分类

7.2.2 玻璃的形成规律

玻璃是无机非晶态固体材料，人们对其制备工艺做了大量的研究。熔体冷却（熔融）法是生成玻璃的传统方法，是把单组分或多组分物质加热熔融后冷却固化而不析出晶体。近年来冷却工艺已得到迅速发展，冷却速度可达 $10^6 \sim 10^7$ ℃/s 以上，使过去认为不能形成玻璃的物质也能形成玻璃，金属玻璃和水及水溶液玻璃的出现就是最好的佐证。对于加热时易挥发、蒸发或分解的物质，现已有加压熔制淬冷新工艺，获得了许多新型玻璃。还有一些非熔融冷却法，为近些年发展的新型工艺，主要为气相沉积法和电沉积法、真空蒸发和溅射法、液体中分解合成法等。表 7-1 列出了非熔融法形成玻璃的一些方法。

表 7-1　非熔融法形成玻璃一览表

原始物质	形成原因	获得方法	实　例
固体（晶体）	剪切应力	冲击波	石英、长石等晶体，通过爆炸，夹于铝板中受 600 kb 的冲击波而非晶化，石英变为 $d = 2.22 \text{ g/cm}^3$、$N_d = 1.46$ 接近于玻璃，350 kb 不发生晶化
		磨碎	晶体通过磨碎，粒子表面逐渐非晶化
	反射线辐射	高速中子射线或 α 射线	石英晶体，$1.5 \times 10^{20} \text{ cm}^{-2}$ 中子照射而非晶化，$d = 2.26 \text{ g/cm}^3$、$N_d = 1.47$
液体	形成络合物	金属醇盐的水解	Si、B、P、Al、Zn、Na、K 等醇盐的酒精溶液，水解得到凝胶，加热 ($T < T_g$) 形成单组分、多组分氧化物玻璃
气体	升华	真空蒸发沉积	低温极板上气相沉积非晶态薄膜，有 Bi、Ga、Si、Ge、B、Sb、MgO、Al_2O_3、ZrO_2、TiO_2、Ta_2O_5、Nb_2O_5、MgF_2、SiC 及其他各种化合物
		阴极溅射及氧化反应	低压氧化气氛中，将金属或合金进行阴极溅射，极板上沉积氧化物，有 SiO_2、$PbO\text{-}TeO_2$ 薄膜、$PbO\text{-}SiO_2$ 薄膜、莫来石薄膜、ZnO
	气相反应	气相反应	$SiCl_4$ 水解，SiH_4 氧化而形成 SiO_2 玻璃；$B(OC_2H_5)_3$ 真空加热 700~900 ℃形成 B_2O_3 玻璃
		辉光放电	辉光放电形成原子态氧，低压中金属有机化合物分解，基板上形成非晶态氧化物薄膜，无须高温，如 $Si(OC_2H_5)_4$ 形成 SiO_2
	电解	阳极法	电解质水溶液电解，阳极析出非晶态氧化物，如 Ta_2O_5、Al_2O_3、ZrO_2、Nb_2O_5 等

表 7-1 中所列的形成玻璃新方法，能够得到一系列性能特殊、纯度很高和符合特殊工艺要求的新型玻璃材料，极大地扩展了玻璃形成范围[27]。

玻璃是一种介稳态，相应的自由能比晶体高。玻璃形成通常与热力学、动力学、结晶化学相联系[28]。从热力学角度讲，玻璃形成的过程实际是一个有序与无序竞争的过程，玻璃中原子与离子进行有序排列，其过程通常是由玻璃体的内能和熵判断。玻璃一般是从熔融态冷却而成的，在足够高的温度下，晶态物质中排列有规律的晶格和质点被破坏，键角扭曲且键断裂，吸收大量热量，体系内能增加。

根据热力学基本方程：

$$\Delta G = \Delta H - T \cdot \Delta S \qquad\qquad (7\text{-}1)$$

式中　ΔG——吉布斯自由能变化；

$\quad\quad\ \Delta H$——焓变；

$\quad\quad\ \Delta S$——熵变；

$\quad\quad\ T$——热力学温度。

当 $T = T_0$ 时，$\Delta G = 0$，则 $\Delta H = T_0 \cdot \Delta S$，即 $\Delta S = \Delta H / T_0$。因为为吸热反应，$\Delta H$、$\Delta S$ 均大于 0，且同属一个数量数级。高温时，T 很高，所以 $\Delta H < T \Delta S$，即 $\Delta G < 0$，所以高温下，吸热反应是自发过程，即熔体在高温下属于稳定相。玻璃析晶是个放热过程，而在高温下则要吸热，所以高温下，晶体是不稳定的。当熔体从高温降温时，随着温度降低，T 变小，与 ΔH 有关的因素（如离子的场强、配位）逐渐增强其作用，直到 $\Delta H > T \Delta S$，此时 $\Delta G > 0$，放热（析晶）是个自发的过程，使系统处于不稳定状态。吉布斯自由能随温度变化曲线如图 7-4 所示。

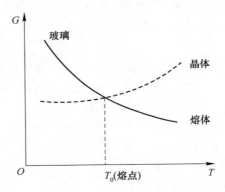

图 7-4　吉布斯自由能随温度变化曲线

当温度高于熔点时，晶体的吉布斯自由能大于熔体的吉布斯自由能；当温度低于熔点时，晶体的吉布斯自由能小于熔体的吉布斯自由能，玻璃体有析晶的倾向。故从热力学角度分析，当玻璃态内能大于晶体态物质内能时，玻璃态向晶体态方向发展，玻璃态与晶体态的内能差别越大，越易析晶，越难成玻璃。

玻璃形成条件虽然在热力学上应该有所反映，但是热力学条件并不能够单独解释玻璃的形成。这是由于热力学忽略了时间这一重要因素，热力学考虑的是平衡反应及其可能性，但玻璃的形成实际是非平衡过程，也就是动力学过程。从热力学角度看，玻璃是介稳的；但从动力学角度看，它却是稳定的，它转变成晶体的概率很小。因为玻璃的析晶过程必须克服一定的势垒（析晶活化能）。如果这些势垒很大，尤其当熔体冷却速度很快，黏度就迅速增大，以致降低了内部质点的扩散，来不及进行有规则的排列而形成玻璃。因此，从动力学观点看，生成玻璃的关键是熔体的冷却速度（即黏度增大速度）。

　　塔曼最先提出在熔体冷却过程中可将物质的结晶分为晶核生成和晶体长大两个过程，并研究了晶核生成速率、晶体生长速度与过冷度之间的关系，如图 7-5 所示。晶核生成和晶体长大这两个过程各自有适当的冷却程度，并不是说冷却程度越大、温度越低越有利。塔曼认为玻璃的形成正是由于过冷熔体中晶核形成最大速率所对应的温度低于晶体生长最大速度所对应的温度所致。因为当熔体冷却，温度降低到晶体生长最大速度时，成核速率很小，只有少量晶核长大；而温度降低到晶核形成最大速率时，晶体生长速度也很小，晶核不可能充分长大，最终不能结晶而成玻璃。因此，两曲线重叠区越小，越容易形成玻璃；反之，两曲线重叠区越大，越容易析晶，越难以形成玻璃。由此可见，要使析晶本领大的熔体成为玻璃，只有采取提高冷却速度以迅速越过析晶区的方法，使熔体来不及析晶而玻璃化。

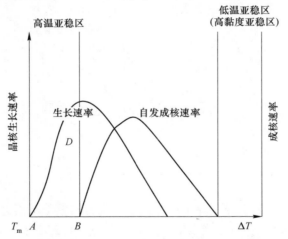

图 7-5　晶核生成速率、晶体生长速度与过冷度之间的关系的典型曲线

　　所谓 3T 图（见图 7-6），是通过 3T 曲线法，以确定物质形成玻璃的能力大小。在考虑冷却速度时，必须选定可测出的晶体大小，即某一熔体究竟需要多快的冷却速度，才能防止产生能被测出的结晶。据估计，玻璃中能测出的最小晶体体积与熔体之比大约为 10^{-6}（即容积分率 $\dfrac{V_L}{V} = 10^{-6}$）。由于晶体的容积分率与描述成核和晶体长大过程的动力学参数有密切的联系，为此提出了熔体在给定温度和给定时间条件下，微小体积内的相转变动力学理论。作为均匀成核过程（不考虑非均匀成核），在时间 t 内单位体积的结晶 V_L/V 描述如式（7-2）所示。

$$V_{\mathrm{L}}/V \approx \frac{\pi}{3} I_{\mathrm{v}} u^3 t^4 \tag{7-2}$$

式中 I_{v}——单位体积内结晶频率（即晶核形成速度）；

u——晶体生长速度。

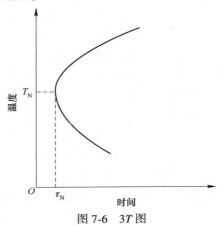

图 7-6 3T 图

$$u = \frac{f_{\mathrm{s}} \cdot K \cdot T}{3\pi a_0^2 \eta} \left[1 - \exp\left(-\frac{\Delta H_{\mathrm{f}} \cdot \Delta T_{\mathrm{r}}}{RT} \right) \right] \tag{7-3}$$

$$I_{\mathrm{v}} = \frac{10^{30}}{\eta} \exp\left(-\frac{B}{T_{\mathrm{r}} \cdot \Delta T_{\mathrm{r}}^2} \right) \tag{7-4}$$

式中 a_0——分子直径；

K——玻耳兹曼常数；

ΔH_{f}——摩尔熔化热；

η——黏度；

f_{s}——晶液界面上原子易于析晶或溶解部分与整个晶面之比，当 $\Delta H_{\mathrm{f}}/T_{\mathrm{m}} <$ 2R 时，$f_{\mathrm{s}} \approx 1$；当 $\Delta H_{\mathrm{f}}/T_{\mathrm{m}} > 4R$ 时，$f_{\mathrm{s}} = 0.2\Delta T_{\mathrm{r}}$；

R——气体常数；

B——常数；

T——实际温度；

T_{m}——熔点；

T_{r}——同系温度，即晶体材料的绝对温度与其熔点的比值（T/T_{m}）；

ΔT_{r}——熔体的对比过冷度，$\Delta T_{\mathrm{r}} = \Delta T/T_{\mathrm{m}}$；

ΔT——过冷度，$\Delta T = T_{\mathrm{m}} - T$。

必须指出，在作 3T（即温度-时间-转变）曲线时，必须选择一定的结晶容积分率$\left(\text{即}\dfrac{V_{\mathrm{L}}}{V} = 10^{-6}\right)$。利用测得的动力学数据，并通过式（7-2）~式（7-4），可以定出某物质在某一温度成结晶容积分率所需的时间，并可得到一系列温度所对应的时间，从而作出 $3T$ 图。由于成核速度与温度的对应关系计算很不可靠，因此实际上，成核速度一般由实验求得。

利用 $3T$ 图和式（7-3）可以得出为防止产生一定容积分率$\left(即 \dfrac{V_L}{V}=10^{-6}\right)$结晶的冷却速度。由 $3T$ 曲线"鼻尖"之点可粗略求得该物质的形成玻璃的临界冷却速度$\left(\dfrac{dT}{dt}\right)_c$，由式（7-5）表示之。

$$\left(\frac{dT}{dt}\right)_c \approx \frac{\Delta T_N}{\tau_N} \tag{7-5}$$

式中，$\Delta T_N = T_m —— T_N$，T_m 为熔点，T_N 为 $3T$ 曲线"鼻尖"之点的温度；τ_N 为 $3T$ 曲线"鼻尖"之点的时间。

样品的厚度直接影响样品的冷却速度。因此，过冷却形成玻璃的样品厚度是另一个描述玻璃形成能力的参数，如不考虑样品表面的热传递，则样品的厚度 Y_c 大致有如下的数量级：

$$Y_c \approx (D_{Th} \cdot \tau_N)^{1/2} \tag{7-6}$$

式中 D_{Th} —— 样品的热扩散系数。

关于玻璃生成的动力学观点的表达方式很多，下列两种物理化学因素是主要的：

（1）为了增强结晶的势垒，在凝固点（热力学熔点 T_m）附近的熔体黏度的大小，是决定能否生成玻璃的主要标志。

（2）在相似的黏度-温度曲线情况下，具有较低的熔点，即 T_g/T_m 值较大时，玻璃态易于获得。

表 7-2 所列为一些化合物的物理化学性质和生成玻璃的性能。

表 7-2 部分化合物的物理化学性质和玻璃生成性能

性 能	化 合 物						
	SiO_2	GeO_2	B_2O_3	Al_2O_3	As_2O_3	Se	BeF_2
$T_m/℃$	1710	1115	450	2050	280	225	540
$\eta(T_m)/Pa \cdot s$	10^6	10^5	10^4	0.06	10^4	10^2	10^5
$E_\eta/kcal \cdot mol^{-1}$	120	73	38	30	54	44	73
T_g/T_m	0.74	0.67	0.72	≈ 0.5	0.75	0.65	0.67
$(dT/dt)/℃ \cdot s^{-1}$	10^{-5}	10^{-2}	10^{-6}	10^3	10^{-5}	10^{-3}	10^{-5}
$K(T_m)/\Omega^{-1} \cdot cm^{-2}$	10^{-5}	$<10^{-5}$	$<10^{-6}$	15	10^{-5}	$<10^{-5}$	10^{-8}

从表 7-2 可以看出，随熔点的黏度 η 上升，化合物生成玻璃的冷却速度（dT/dt）减小，即冷却速度较小（与其他化合物对比）也能生成玻璃。

一般认为，如果熔体中阴离子基团是低聚合的，就不容易形成玻璃；阴离子基团是高聚合的，则容易形成玻璃。但熔体的阴离子基团的大小并不是能否形成玻璃的必要条件，只要析晶激活能比热能相对大很多，都有可能形成玻璃。可以用单键强度来衡量玻璃的形成能力。

$$单键能 = \frac{氧化物\ MO_x\ 分解能}{正离子\ M\ 的配位数}$$

根据单键能的大小，氧化物可分为三类：

（1）玻璃形成氧化物（网络形成体）：键强大于 80 kcal/mol；

（2）玻璃调整氧化物（网络外体）：键强小于 60 kcal/mol；

（3）中间体氧化物（网络中间体）：键强为 60～80 kcal/mol。

各种氧化物的单键强度见表 7-3。

表 7-3 各种氧化物的单键强度

元素	原子价	每个 MO_x 的分解能 Ed/kcal	配位数	M-O 单键能 /kcal	类型	元素	原子价	每个 MO_x 的分解能 Ed/kcal	配位数	M-O 单键能 /kcal	类型
B	3	356	3	119	网络形成体	Th	4	588	12	49	网络外体
Si	4	423	4	106		Sn	4	278	6	46	
Ge	4	431	4	108		Ga	3	267	6	45	
Al	3	402～317	4	101～79		In	3	259	6	43	
B	3	356	4	89		Pb	4	232	6	39	
P	5	442	4	111～88		Mg	2	222	6	37	
V	5	449	4	112～90		Li	1	144	4	36	
As	5	349	4	87～70		Pb	2	145	4	36	
Se	5	339	4	85～68		Zn	2	144	4	36	
Zr	4	485	6	81	网络中间体	Ba	2	260	8	33	
Th	4	588	8	74		Ca	2	257	8	32	
Ti	4	435	6	73		Sr	2	256	8	32	
Zn	2	144	"2"	72		Cd	2	119	4	30	
Pb	2	145	"2"	73		Na	1	120	4	20	
Al	3	402～317	6	53～67		Cd	2	119	6	20	
Be	2	250	4	63		K	1	115	9	13	
Zr	4	485	8	61		Rb	1	115	10	12	
Cd	2	119	"2"	60		Hg	1	68	6	11	
Sc	3	362	6	60		Cs	1	114	12	10	
La	3	407	7	58							
Y	3	399	8	50							

注："2"表示配位数不完全确定。

化学键一般分为金属键、共价键、离子键、氢键和范德华键五种形式。在玻璃形成中，有重要影响的是金属键、共价键和离子键。

离子键化合物在熔融状态以单独离子存在，流动性很大，凝固时靠库仑引力迅速组成晶格。离子键作用范围大，没有方向性和饱和性，且离子键化合物具有较高的配位数（6、8），离子相遇组成晶格的概率较高，很难形成玻璃，如 $NaCl$、$CaCl_2$。金属键物质在熔融时失去联系较弱的电子，以正离子状态存在。金属键无方向性和饱和性，并在金属晶格内出现最高配位数（12），原子相遇组成晶格的概率最大，最不易形成玻璃。共价键化合物多为分子结构，分子内部由共价键连接，分子间是无方向性的范德华力。一般在冷却过程中质点易进入点阵而构成分子晶格，也难形成玻璃。

单纯键型不易形成玻璃，离子键、金属键向共价键过渡，形成离子-共价、金属-共价混合键时容易形成玻璃。极性共价键，有 sp 电子形成杂化轨道，并构成 σ 键和 π 键，既具有共价键的方向性和饱和性，不易改变键长和键角的倾向，生成具有固定结构的配位多面体，构成玻璃的短程有序；又具有离子键易改变键角、易形成无对称变形的趋势，促进配位多面体不按一定方向连接的不对称变形，构成玻璃长程无序的网络结构。如图 7-7 所示，$[SiO_4]$ 内表现为共价键特性，其 O—Si—O 键角为 109°28′，而四面体共顶联结，O—Si—O 键角能在较大范围内无方向性地联结起来，表现了离子键的特性。按电负性估计离子键比例由 5%（如 As_2O_3）到 75%（如 BeF_2）都有可能形成玻璃。

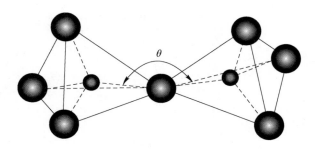

图 7-7　相邻两硅氧四面体之间

7.3　玻璃的性质

玻璃的性质可分为三类：第一类是与玻璃中离子迁移有关的性质，第二类是与玻璃的网络骨架及网络与网络外阳离子的相互作用有关的性质，第三类是玻璃的光吸收、颜色等。

（1）与玻璃中离子迁移有关的性质，如黏度、电阻率、化学稳定性等。这类性质在玻璃转变区的温度范围内是逐渐变化的，在转变区温度以下它们主要取决于弛豫过程和离子迁移性。在温度和外界条件的影响下，与离子迁移有关的性质取决于离子迁移过程中需克服的能量势垒和离子迁移能力的大小，性质与组成之间不是简单的加和关系。黏度、电阻与温度的关系如图7-8所示。

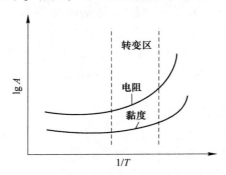

图 7-8　黏度、电阻与温度的关系

（2）与玻璃网络骨架、网络与网络外阳离子相互作用的有关性质，如密度、强度、折射率、膨胀系数、硬度等。在常温下，玻璃的这类性质可假设为构成玻璃的各种离子的性质的总和。这些性质通常在玻璃的转变温度范围内出现突变，如图7-9所示。

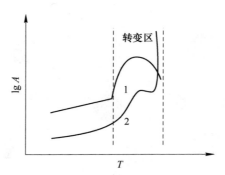

图 7-9　折射率、分子体积、弹性温度的关系
1—折射率，分子体积；2—弹性及扭变模数

（3）玻璃的光吸收、颜色等。这些性质与玻璃中离子的电子跃迁及原子或原子团的振动有关。

7.3.1　玻璃的黏度与表面张力

黏度又称黏滞系数，是流体（液体或气体）抵抗流动的量度。表面张力是作用于液体表面单位长度上使液面收缩的力。表面张力是由于液体表面的不平衡力场而产生的，它使液体表面具有收缩到最小面积的趋势。黏度和表面张力分别以符号 η、σ 表示，其国际单位分别为 Pa·s 和 N/m。黏度与表面张力对玻璃生产的影响贯穿玻璃生产的全过程，因而有着极其重要的工艺意义。表7-4、表7-5分别为黏度和表面张力在玻璃生产过程中的应用。

表7-4 与黏度相关的生产过程

玻璃状态	固态	黏滞状态		液态
		塑性状态	软化状态	
黏度范围/Pa·s	>10^{13}	$10^9 \sim 10^{13}$	$10^{4\sim5} \sim 10^9$	$10 \sim 10^3$
工艺过程	退火	显色、乳浊及其他热处理	成型	熔化

表7-5 表面张力对生产过程的影响

工艺过程	表面张力的影响
澄清	气泡的内压力与玻璃液的表面张力有关
均化	不均体能否溶解扩散取决于不均体与周围玻璃液之间的表面张力差
成型	表面张力使玻璃液成型时具有自发收缩的趋势
热加工	借助于表面张力的作用，形成光滑表面
封接	玻璃液滴与金属的润湿角小于90°，有利于玻璃与金属的良好封接
耐火材料侵蚀	玻璃液浸润耐火材料，加剧其对耐火材料的侵蚀

7.3.2 玻璃的密度

玻璃的密度取决于构成玻璃的原子的质量以及玻璃结构网络的紧密程度和网络空隙的填充情况。生产上常通过测定玻璃的密度来监控玻璃成分的变化。

玻璃的密度与其组成之间的关系非常密切。首先，玻璃的网络形成体氧化物确定了构成玻璃网络的基本结构单元的体积大小。网络中间体氧化物，如处于网络空隙中时，通常使玻璃的密度上升；如成为玻璃网络的一部分时，其对玻璃密度的影响取决于其对玻璃网络紧密程度的影响。网络外体氧化物的阳离子填充在玻璃网络的空隙中。当这些阳离子的半径较小，未引起玻璃网络的扩张时，可增加玻璃的密度；但当网络外体氧化物的阳离子的半径较大时，其对玻璃密度的影响则取决于其对玻璃分子质量与分子体积的双重影响。玻璃的密度可由基于加和法则的经验公式求得。

温度对玻璃密度的影响是其对玻璃结构影响的外在表现。当温度低于玻璃的转变温度 T_g 时，温度升高玻璃的密度略有下降；温度高于 T_g，玻璃的密度显著下降。从高温急冷所得的玻璃因继承了玻璃熔体高温下的松散、开放结构，其密度较慢冷或退火玻璃小。如图7-10所示，冷却速率越大，玻璃密度越小。

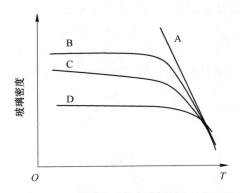

图 7-10　冷却速率对硼冕玻璃密度的影响

A—平衡态；B—1 K/h；C—1.86 K/h；D—9.87 K/h

7.3.3　玻璃的膨胀系数

　　玻璃的主要热学性质包括热膨胀系数和热稳定性。玻璃的热膨胀系数有线膨胀系数 α 和体膨胀系数 β，$\beta \approx 3\alpha$。玻璃的热膨胀系数 α 与其退火、封接、热稳定性密切相关。根据其热膨胀系数大小，玻璃可划分为硬质玻璃（$\alpha < 60 \times 10^{-7}/K$）和软质玻璃（$\alpha > 60 \times 10^{-7}/K$）。当温度低于玻璃的转变温度 T_g 点时，热膨胀随温度的升高呈线性增长，温度高于 T_g 点时，玻璃的热膨胀急剧增大。玻璃的热膨胀系数由温度低于玻璃的 T_g 点时的热膨胀量来确定，如图 7-11 所示。

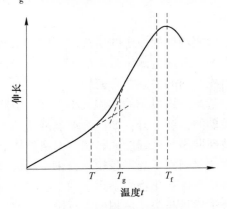

图 7-11　玻璃热膨胀曲线

　　玻璃的组成影响膨胀系数，玻璃中非桥氧越少，热膨胀系数越小。碱金属氧化物的加入导致玻璃的热膨胀系数增大，且从 $Li_2O \rightarrow Na_2O \rightarrow K_2O$，随着阳离子半径增大、离子场强减小、热振动加剧，热膨胀系数增大。碱土金属氧化物的作用与碱金属氧化物类似，但因其离子场强较碱金属阳离子大，对玻璃网络骨架有一定的积聚作用，故其对热膨胀系数的影响较小。

7.3.4 玻璃的机械性质

玻璃的机械性质是指玻璃在受力过程中，从开始加载到断裂为止，所能承受的最大应力值。按照受力情况的不同，玻璃的机械性质有抗压强度、抗张强度、抗折强度、抗冲击强度、硬度等。玻璃抗压强度一般要比抗张强度或抗折强度大一个数量级。

影响玻璃强度的因素有内因和外因两个方面。内因是玻璃的组成、宏观与微观缺陷。玻璃的宏观和微观缺陷与玻璃的熔化过程密切相关。设计合理的组成，减少玻璃的分相发生，提高熔化质量，获取组成均匀、缺陷少的玻璃是提高玻璃强度的重要手段。外因是玻璃的使用环境（如温度、湿度）、加载方式、试样的尺寸。从常温开始升温，玻璃的强度先呈下降趋势，当温度升至 100 ℃ 以上，玻璃的强度又开始增大。随着试样尺寸的减小，玻璃的强度增加。通常采用退火、钢化、表面处理（表面脱碱、火抛光、酸抛光、表面涂层、表面晶化、离子交换等）、微晶化等措施来提高玻璃的使用强度。

玻璃的硬度一般为 5~7。玻璃的硬度首先取决于其内部化学键的强度和离子的配位数。网络生成体阳离子使玻璃具有高的硬度，而网络外离子使玻璃的硬度下降。对于同类型的玻璃，随着网络外阳离子的场强的增大，玻璃的硬度上升。氧化物提高玻璃硬度的能力顺序是：$SiO_2 > B_2O_3 > MgO \cdot ZnO \cdot BaO > Al_2O_3 > Fe_2O_3 > K_2O > NaO > PbO$。

急冷玻璃由于其结构较慢冷玻璃疏松，因而硬度也较小。玻璃的脆性常用抗冲击强度或抗压强度与抗冲击强度之比来表示。玻璃的脆性与其成分、宏观均匀性、热历史、试样的形状与厚度等有关。

7.3.5 玻璃的其他性质

玻璃的其他性质还有化学稳定性质、光学性质、电学性质等。

玻璃的化学稳定性是指玻璃抵抗水、酸、碱、盐、大气及其他化学试剂等侵蚀破坏的能力。依据侵蚀介质的不同，这些性质分别称为耐水性、耐酸性、耐碱性、耐盐性、耐候性。玻璃网络完整性越高，网络外离子越少，玻璃化学稳定性越好。在玻璃中总碱量不变的前提下，以一种碱部分替代另一种碱，因混合碱效应，玻璃的化学稳定性提高。例如，$R_2O—RO—SiO_2$ 玻璃的化学稳定性明显增强（特别是耐水性）。这一方面是因为 $R^{2+}—O$ 键强于 $R^+—O$ 键，对网络有积聚作用；另一方面是因为 R^{2+} 对 R^+ 有压制效应。但 RO 的作用仍不及 R_2O_3 作用，B_2O_3、Al_2O_3 少量加入，起连接断网作用，可提高化学稳定性。高价金属氧化物有利于提高玻璃的耐水性，原因在于 H_2O 与 R_xO_y 发生水解反应。水解产生的产物可阻碍水与玻璃进一步的作用，并阻碍碱金属离子的进一步扩散和离子交换反应。而电价高的水解产物，离解难，堵塞效应明显。氧化物对提高玻璃化学稳定性顺序为：$ZrO_2 > Al_2O_3 > SnO > PbO > MgO > CaO > BaO > Li_2O > K_2O > Na_2O$。

玻璃的光学性质主要包括对光的反射、吸收、透过，主要影响因素为玻璃的组成、温度、波长等，主要的光学指数包括折射率、色散。

7.4　玻璃的原料与配方

7.4.1　玻璃的原料

组成玻璃的各种氧化物，在配料时所使用的不是纯氧化物，多半使用含有这些氧化物成分的天然矿物原料。各种原料根据在玻璃中的作用，分成主要原料和辅助原料两大类；按氧化物的性质分为酸性氧化物原料、碱性氧化物原料、碱土金属和二价金属氧化物原料、多价元素氧化物原料；按氧化物在结构中的作用分为玻璃形成体氧化物原料、中间体氧化物原料、网络外体氧化物原料；按来源分为矿物原料、化工原料[29]。主要氧化物原料分为以下几类：

（1）二氧化硅（SiO_2）。SiO_2 是玻璃网络形成体氧化物，以 $[SiO_4]$ 存在，是玻璃结构的骨架。其主要原料为石英砂、砂岩、石英岩、脉石英。

石英砂又称硅砂，是石英岩、长石等受水、碳酸酐以及温度变化等作用，逐渐分解风化由水流冲击沉积而成。石英砂质地纯净的为白色，其一般因含有铁的氧化物和有机质，故多呈淡黄色、浅灰色或红褐色。石英砂主要有用成分是 SiO_2，含有少量 Al_2O_3、K_2O、Fe_2O_3、Cr_2O_3、TiO_2 等杂质，其中 Fe_2O_3、Cr_2O_3、TiO_2 是有害成分。高质量的石英砂含 SiO_2 应在 99.0% 以上。玻璃用石英砂的颗粒直径为 0.15~0.80 mm，其中 0.25~0.50 mm 应不少于 90%，0.10 mm 以下不超过 5%。石英砂伴生矿物有长石、高岭石、白云石（无害），也可能有赤铁矿、钛铁矿（可着色）及铬铁矿等重矿物（熔点高）。

（2）氧化硼（B_2O_3）。B_2O_3 是玻璃网络形成体氧化物，硼原子和氧原子形成三角体，即 $[BO_3]$，由许多三角形 BO_3 单元通过共用氧原子部分有序连接而成的网络结构，其中以硼氧相间的六元环 B_3O_3 占优势。该六元环中，硼原子为三配位，氧原子为二配位。该玻璃体在 325~450 ℃ 时软化，其密度随受热情况而有一个变化范围。加热时，玻璃体氧化硼结构中的无序度增加。超过 450 ℃ 时会产生有极性的—B≡O 基。高于 1000 ℃ 时，氧化硼蒸汽则全部由 B_2O_3 单体组成，其结构为角形的 O≡B—O—B≡O。

B_2O_3 主要原料为硼酸和硼砂（化工原料）、含硼矿物。B_2O_3 熔融时可以溶解许多碱性的金属氧化物，生成有特征颜色的玻璃状硼酸盐和偏硼酸盐（玻璃），用于制取元素硼和精细硼化合物，也可与多种氧化物化合制成具有特征颜色的硼玻璃、光学玻璃、耐热玻璃、仪器玻璃及玻璃纤维、光线防护材料等。

（3）三氧化二铝（Al_2O_3）。Al_2O_3 是玻璃网络形成体氧化物或中间体氧化物，是硅酸盐玻璃的主要成分之一。因为 Al_2O_3 能提高玻璃的黏度，所以绝大多数玻璃只引入 1%~3.5% Al_2O_3，一般不超过 8%~10%。近年来，耐高温和耐化学侵蚀的玻璃大都基于铝硅酸盐和铝硼酸盐玻璃系统，并使氧化铝在玻璃中的含量大大提高。在水表玻璃和高压水银灯玻璃等特殊玻璃中，Al_2O_3 的含量可达 20%以上。Al_2O_3 主要原料为长石、高岭土、叶蜡石、氧化铝和氢氧化铝等。

（4）氧化镁（MgO）。MgO 是玻璃网络外体氧化物。MgO 在硅酸盐矿物中存在两种配位（4、6），但在大多数矿物中，如方镁石、透辉石等，镁离子位于八面体。在玻璃中镁离子也应该位于八面体中，只有当碱金属氧化物含量较多，而不存在 Al_2O_3、B_2O_3、TiO_2 等中间体氧化物时，镁离子 Mg^{2+} 有可能处于四面体 $[MgO_4]$。由于镁离子配位数变化，玻璃性质出现"镁反常现象"。

使玻璃获得某些必要性质和加速玻璃熔制过程的原料为辅助原料，主要有澄清剂、着色剂、脱色剂、乳浊剂、氧化剂、助熔剂。澄清剂在玻璃熔制过程中能分解产生气体，或能降低玻璃黏度促使玻璃液中气泡排除（如白砒、氧化锑、硫酸盐、氟化物等）。着色剂使玻璃对光线产生选择性吸收，显示出一定的颜色，主要为过渡金属氧化物或盐。助熔剂使玻璃熔制过程加快。乳浊剂使玻璃产生不透明乳白色的物质，如氟化物、磷酸盐等。

碎玻璃也是一种重要的原料。使用碎玻璃不但可以回收重熔碎玻璃，变废为宝、保护环境，而且从工艺上看，合理引入碎玻璃，会加速熔制过程，降低玻璃熔制的热消耗。研究表明，一般玻璃原料中碎玻璃使用的比率增加 10%时，熔化玻璃所需的燃料减少 2.5%，从而降低生产成本、增加产量。根据行业产品不同，碎玻璃加入量为混合料的 15%~85%，一般为 25%~30%，高硼玻璃、高硅玻璃配合料中用量可达 70%~100%。碎玻璃的使用会影响配合料的熔化、澄清、热耗、玻璃制品的性能和大窑生产率等。引入碎玻璃需注意：

（1）二次挥发。碎玻璃重熔后，易挥发组分（如碱金属氧化物、氧化硼、氧化铅、氧化锌等）将进行第二次挥发，如重熔后的 Na_2O 比重熔前平均低 0.15%，所以必须补挥发。

（2）二次积累。由于玻璃液对耐火材料的侵蚀，碎玻璃中 Fe_2O_3 和 Al_2O_3 的含量增加，重熔时会产生二次积累。

（3）碎玻璃表面与内部成分的差异。碎玻璃（尤其是化学稳定性较差的玻璃）表面由于断键多，很快吸附水分和大气并水解成胶态，造成表面成分与内层成分存在差异，若熔制温度偏低或缺少有效对流，熔制后玻璃就常产生明显的线痕。

以上三个因素，是碎玻璃引入量过多时产生不均匀的胞状组织而使制品发脆的原因。

（4）重熔玻璃液的还原性。碎玻璃重熔时，其中某些组分挥发生热分解并释出氧气，进入周围气泡后逸出玻璃液，造成玻璃液的还原性，使以变价元素为基础的颜色玻璃产生色泽的变化。

（5）澄清。碎玻璃含有少量化学结合的气体，重熔时产生微小二次气泡，因此加入碎玻璃量多时就难以澄清。

（6）碎玻璃的粒度。从图7-12可知，碎玻璃粒度取小于0.25 mm和粒度为2~20 mm时，熔化效果好，为减少粉碎动力，应采用后者。通常碎玻璃粒度加工到20~40 mm即可。

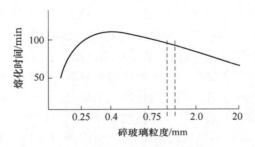

图7-12　碎玻璃粒度与熔化时间

目前，大量的工业固体废弃物采用熔融固化的方法来处置，也是因为工业固体废弃物可以直接作为制备玻璃的原料。例如，粉煤灰、垃圾焚烧低灰中含有50%左右的SiO_2，可以做玻璃网络结构形成体；镁渣、电解锰渣中含有大量的CaO，可以作为玻璃网络结构改性体；酸洗污泥中含有大量的CaF_2，其可以作为助溶剂，改烧玻璃的易烧性。

7.4.2　玻璃的配方

利用工业固体废弃物制备玻璃时，配方设计一般根据原料的组成、结构和性质的关系，确保满足预期性能的要求，同时尽力减小玻璃析晶倾向，根据生产条件使玻璃能够达到熔制、成型等工序的要求，制备出成本低、附加值高的玻璃。玻璃制备过程中有以下要求：

（1）具有正确性和稳定性。各原料的化学成分、配合料的水分和粒度要正确并保持稳定。这就要求原料组成正确、稳定，配料计算正确，针对原料成分变化及时调整，经常校正称量设备，做到称量准确。

（2）具有一定量的水分。加入一定量的水分，具有减少粉尘、防止分层、加速熔化（先润湿石英原料，形成水膜，溶解3%~5%的纯碱和芒硝）、提高混合均匀度的作用。一般纯碱配合料含水量在3%~5%，芒硝配合料含水量在3%~

7%，砂粒越细，所需水量越多。加入水分时要注意纯碱配合料的水化特性造成的影响和针对措施。

（3）具有一定的气体率。受热分解后所逸出的气体对配合料和玻璃液具有搅拌作用，有利于硅酸盐形成和玻璃均化。过高和过低的气体率都不利于澄清。钠钙硅玻璃配合料气体率应在 15%~20%，硼硅酸盐玻璃配合料则在 9%~15%。

$$气体率 = \frac{100 \text{ kg 玻璃的原料总重量} - 生成玻璃重量}{100 \text{ kg 玻璃的原料总重量}} \times 100\%$$

$$= \frac{逸出气体量}{配合料重量} \times 100\%$$

（4）具有高均匀度。配合料均匀度高是熔制均匀玻璃液的前提。均匀度低会造成熔制的不同步，导致缺陷产生和对耐火材料侵蚀的加剧。配合料均匀度的测定方法有滴定法、电导法、比重法、筛分析法等。

（5）适当加入碎玻璃达到经济和工艺的要求。

铬镍渣所含有的 SiO_2、Na_2O、CaO、MgO、Fe_2O_3、Al_2O_3 与 Cr_2O_3 都是制造硅酸盐玻璃的重要成分。SiO_2 是玻璃网络形成体氧化物，最基本结构单元 $[SiO_4]$ 构成玻璃网络骨架，Na_2O、CaO 和 MgO 等为玻璃网络外体氧化物，Fe_2O_3、Al_2O_3 和 Cr_2O_3 是网络中间体氧化物，Na^+、Ca^{2+} 和 Mg^{2+} 存在于网络空隙中，Fe^{3+}、Al^{3+} 和 Cr^{3+} 等阳离子配位数为 4 时，可以进入 $[SiO_4]$ 构成的网络骨架中，否则存在于网络空隙之中。但在改性玻璃中，骨架则由阳离子与氧的电子云构成，$[SiO_4]$ 则分散于电子云中。如果利用铬镍渣制成均匀的玻璃（不分相、不析晶），玻璃组成点应位于图 7-13 所示相图各液相线、共熔点处。由于几种晶体结构不同，结晶过程中相互干扰，降低了各晶相的析晶能力而使晶体不容易产生。根据各氧化物在玻璃形成过程中的作用分类，将网络形成体氧化物、网络外体氧化物和网络中间体氧化物分别按其摩尔数加和，再分别计入 SiO_2、CaO、Al_2O_3 的含量。

如果以铬镍渣为主要原料，以石英砂、黏土等为调整剂，经计算可知组成点的玻璃配合料各原料掺入比例。

根据图 7-12，一般采用下列玻璃成分：$w(SiO_2) = 20\% \sim 60\%$、$w(CaO) = 13\% \sim 25\%$、$w(MgO) = 6\% \sim 12\%$、$w(Fe_2O_3) = 6\% \sim 20\%$、$w(Al_2O_3) = 4\% \sim 12\%$、$w(Cr_2O_3) = 1\% \sim 2.8\%$、$w(Na_2O) = 2\% \sim 6\%$、$w(B_2O_3) = 0 \sim 6\%$、$w(PbO) = 0 \sim 9\%$。

杨建[30]系统研究了含铬钢渣、废玻璃制备基础玻璃，并用制备的基础玻璃热处理后制得微晶玻璃。将含铬钢渣和废玻璃分别球磨 1 h，过 380 μm（40 目）筛，得到不锈钢渣粉末和废玻璃粉末，其化学组成见表 7-6。

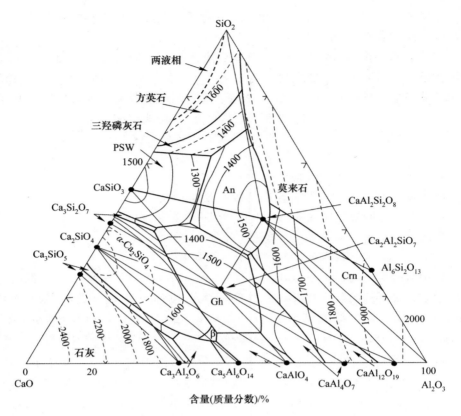

图 7-13 CaO-Al$_2$O$_3$-SiO$_2$ 三元相图

表 7-6 实验原料的化学组成（质量分数） （%）

矿物组成	CaO	MgO	SiO$_2$	Al$_2$O$_3$	Fe$_2$O$_3$	Cr$_2$O$_3$	TiO$_2$	P$_2$O$_5$	ZrO$_2$	Na$_2$O
不锈钢渣	36.97	26.11	21.46	6.46	2.51	0.99	0.50	0.11	0.02	0.08
废玻璃	9.04	4.08	68.30	2.49	0.59	0.03	0.05	0.02	—	14.37
矿物组成	CaF$_2$	SO$_3$	MnO	K$_2$O	BaO	Cl	NiO	SrO	CuO	SeO$_2$
不锈钢渣	4.35	1.22	1.13	0.14	0.05	0.04	0.02	0.02	0.01	0.01
废玻璃	—	0.37	—	0.57	0.03	0.06	—	—	—	—

含铬钢渣的主要成分为 CaO、MgO 和 SiO$_2$，废玻璃的主要成分为 SiO$_2$、CaO 和 Na$_2$O。在微晶玻璃中，SiO$_2$ 和 Al$_2$O$_3$ 是网络形成体，随其含量升高，原料熔融-浇注所制基础玻璃的网络完整度升高，基础玻璃的熔点升高[31]。设计的实验配方见表 7-7。

表 7-7　配料实验成分（质量分数）　　　　　　　　　　（%）

编号	CaO	MgO	SiO$_2$	Al$_2$O$_3$	Fe$_2$O$_3$	Cr$_2$O$_3$	Na$_2$O	CaF$_2$
SC-1	20.21	12.89	49.56	4.08	1.36	0.41	8.65	1.74
SC-2	21.61	13.99	47.22	4.28	1.45	0.46	7.94	1.96
SC-3	23.01	15.10	44.88	4.48	1.55	0.51	7.23	2.18
SC-4	24.40	16.20	42.54	4.67	1.65	0.56	6.51	2.39
SC-5	25.80	17.30	40.20	4.87	1.74	0.61	5.80	2.61

将五组配料在 1480 ℃熔融保温 2 h，得到玻璃液；将玻璃液水淬、烘干、研磨、过 150 μm（100 目）筛，得到基础玻璃粉末。

7.5　玻璃熔制工艺与技术

玻璃熔制过程就是将配合料经高温加热熔融成为均匀的、无气泡的符合成型要求的玻璃液的过程。玻璃熔制过程是一个很复杂的过程，它包括一系列的物理变化、化学变化、物理化学反应。研究指出，各种配合料在加热时发生如表 7-8 所示的反应。

表 7-8　配合料加热过程中的各种变化和反应

物理变化	化 学 变 化	物理化学反应
配合料加热升温	固相反应	共熔体的生成
配合料脱水	碳酸盐、硫酸盐、硝酸盐的分解	固态的溶解与液态间互溶
各组分的熔化	水化物的分解	玻璃液、炉气、气泡间的相互作用
晶相转变	化学结合水的分解	玻璃液与耐火材料间的作用
个别组分的挥发	硅酸盐的形成与相互作用	

熔制过程常根据不同反应分为如下五个阶段：

（1）硅酸盐形成阶段。

$$配合料 \xrightarrow[\text{（由硅酸盐和未熔二氧化硅组成）}]{\text{主要的固相反应完成（800~900 ℃）}} 不透明烧结物$$

（2）玻璃形成阶段。

$$烧结物 \xrightarrow[\text{含有大量气泡和不均匀体（1200 ℃）}]{\text{二氧化硅在硅酸盐中溶解扩散}} 透明体$$

（3）玻璃液澄清阶段。

$$透明体 \xrightarrow[\text{对钠钙硅玻璃温度（1400~1500 ℃）}]{\text{逐步排除可见气泡到允许程度}} 无气泡的玻璃液$$

（4）玻璃液冷却均化阶段。玻璃液各处均匀一致。

（5）玻璃液冷却阶段。玻璃液温度降到成型所需黏度，温度约 1180 ℃。

由于玻璃熔融化过程非常复杂，影响玻璃熔制过程的工艺因素较多，玻璃的形成速度和玻璃的组成、石英颗粒的大小、熔化温度、配合料制备及投料方式等因素有关。

玻璃成分对玻璃熔制速度有很大的影响。例如，提高玻璃中 SiO_2、Al_2O_3 含量，熔制速度就减慢；增加玻璃中 Na_2O、K_2O 含量，其熔制速度就加快。原料的颗粒度也影响玻璃熔制速度，其中影响最大的是石英的颗粒度，这是由于它具有较高的熔化温度和小的扩散速度，其次是白云石、石灰石、长石的颗粒度。鲍特维金提出石英颗粒大小对玻璃形成时间的影响的计算公式：

$$t = K/r^3 \tag{7-7}$$

式中　t——玻璃形成时间，min；

　　　r——原始石英颗粒的半径，cm；

　　　K——与玻璃成分和实验温度有关的常数。

当成分为 73.5% SiO_2、10.5% CaO、16% Na_2O 的玻璃，试验温度为 1390 ℃ 时，$K = 8.2×10^6$。

从上式可看出玻璃形成时间与石英颗粒密切相关，是 3 次方的关系，粒度越细，反应越快，玻璃形成时间越短。但颗粒小于 0.06 mm 时会结团成块。

熔制温度是最重要的因素。温度越高，硅酸盐反应越强烈，石英颗粒的溶解与扩散越快，玻璃液的去气泡和均化也越容易。试验表明，在 1450~1650 ℃ 范围内，每升高 1 ℃ 可使熔化率增加 2%。因此，提高熔窑温度是强化玻璃熔融，提高熔窑生产率的最有效措施。但随着温度的升高，耐火材料的侵蚀将加快，燃料耗量也将大幅度提高。

玻璃液对窑内气氛的变化反应极为灵敏。熔制不同组成的玻璃需不同的气氛。例如，对铅玻璃的熔制，必须采用氧化气氛，否则铅玻璃及其原料会被还原成金属铅；熔制铜红玻璃、硫碳着色玻璃等则必须为还原气氛。玻璃窑内各处气氛的性质不一定相同。如在使用芒硝做澄清剂时，要加入一定数量的煤粉，用以进行还原反应，为防止煤粉在投料口过早燃烧，应将熔化部产前半部调整为还原性火焰；在澄清部，煤粉必须烧尽，所以澄清部应保持中性或弱氧化性气氛。澄清部采用氧化气氛有利于氧化亚铁的氧化与玻璃液的澄清。窑内气氛通过燃料和空气比例或加入氧化还原剂调节。

压力制度是温度制度的保证，窑内正压太大，玻璃液中气体排不出，会影响玻璃液的澄清，并造成火焰喷出，致使窑炉寿命下降，燃耗高；窑内负压，会使冷空气进入，窑内温度下降。窑内压力应保持在：贴近玻璃液面处为微正压或零压；熔炉碹顶处为 15~20 Pa。窑内压力通过调节烟道闸板开度进行调节。

加入熔窑中配合料的厚度，对玻璃的熔化速度与熔窑的生产率有重要影响。

对于池窑，以往采用间歇式加料，加料时形成料堆。现多采用连续薄层加料，其优点是：配合料以薄的长垄状沿熔窑均匀分布，物料既能得到由对流和辐射方式从上方传来的热量。也能得到由玻璃液通过热传导从下方传来的热量。由于受热快，促进了配合料的熔化；因为料层薄，避免了配合料沉入玻璃液中；又由于玻璃表面层温度高，有利于气泡的排除，缩短了澄清时间。

7.6 玻璃的退火和淬火

在玻璃成型和加热过程中，经历剧烈或者不均匀的温度变化时，会产生永久热应力。这种热应力会降低玻璃制品的机械强度和热稳定性，使玻璃制品在冷却、加工或使用过程中可能发生破裂。因此，玻璃制品在成型或者加热以后，往往要进行退火处理，以消除或减小玻璃中热应力，使其在要求的范围内，玻璃制品达到预期的力学性能。对于光学玻璃而言，退火的要求较高，它需要通过退火，使其结构均匀，达到预期的光学性能。而薄壁玻璃制品和玻璃纤维成型后，热应力较小，一般不需要退火。与退火处理相反，淬火是通过均匀化急剧冷却，使玻璃表面产生有规律、均匀分布的压应力，以提高玻璃的机械强度和热稳定性。

玻璃中的应力分为热应力、结构应力、机械应力。其中结构应力是因为玻璃中的化学成分不均匀，导致结构不均匀而产生的应力。当玻璃中有条纹时，因为玻璃中的化学组分不同，所以其膨胀系数不同。当玻璃冷却到室温时，由于相邻部分热膨胀系数不同导致收缩不同，因此玻璃产生结构应力。

退火处理主要是消除热应力，即玻璃中存在温度差而产生的应力。热应力按照存在特点可以分为暂时应力和永久应力两种。

在温度低于应变点以下、处于弹性形变温度范围的玻璃，经受不均匀的温度变化所产生的热应力，称为暂时应力。暂时应力随着温度梯度的存在而存在，随着温度梯度的消失而消失。不会对制品造成永久伤害，但是暂时应力如果超过了玻璃的抗张强度极限，玻璃就会破裂。因此，在成型、热处理过程中必须对加热或者冷却加以适当控制，避免因暂时应力过大而导致玻璃制品破裂。利用这个原理可以用极冷的方式对玻璃制品进行热切割。

当玻璃的温度均衡，温度梯度消失后，仍然残留在玻璃中的应力称为永久应力。永久应力的产生可以通过玻璃硬化时形成的结构梯度来说明。在转变温度区间，玻璃为黏弹体，玻璃不能产生流动变形，但内部结构可以发生位移、调整和变形，达到其平衡结构。在转变温度区间内，玻璃有相应的相平衡结构。随温度的降低，玻璃结构将连续、逐渐发生变化。温度越低，结构变化的速率和程度越小。当急冷到应变点以下时，玻璃中的这种结构梯度就保留下来，形成永久应力。永久应力的大小取决于退火区域内被塑性退让的程度，而塑性退让程度取决于温度梯度的大小，温度梯度的大小取决于退火内降温速度、玻璃性质、玻璃大小、形状等因素。

　　为了消除玻璃中的永久应力，必须把玻璃加热到低于玻璃转变温度 T_g 附近某一温度进行保温均热，以消除玻璃各部分的温度梯度，松弛应力。经过 3 min 能消除95%的应力的保温温度为退火上限温度；经 3 min 只能消除5%的应力的温度为退火下限温度。不同制品退火温度不同，大部分器皿玻璃为（550±20）℃，平板玻璃为550~570 ℃，瓶罐玻璃为550 ℃。退火有四个阶段，如图7-14所示。

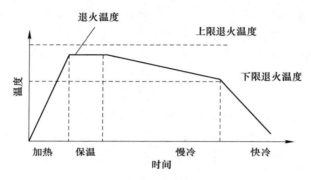

图 7-14　玻璃线性退火温度制度

　　加热阶段，玻璃表面产生压应力，加热速度可以较快。如果玻璃制品厚度的一半为 a cm，则加热速度为 $20/a^2 \sim 30/a^2$ ℃/min，如果是光学玻璃则加热速度小于 $5/a^2$；保温阶段，消除应力的关键阶段，一般把比退火上限温度低 20~30 ℃ 作为退火温度。保温时间可按 $70a^2 \sim 120a^2$ 进行计算，或者按应力容许值 Δn 进行计算：

$$t = 52\,\frac{a^2}{\Delta n} \tag{7-8}$$

　　慢冷阶段，其目的在于避免在冷却过程中因玻璃中温度梯度过大而重新产生过大的永久应力。慢冷终了温度应低于应变点，慢冷速度为：

$$h_t = h_0\left(1 + \frac{\Delta t}{300}\right) \tag{7-9}$$

　　快冷阶段因处于应变点以下，不产生永久应力，只要暂时应力不超过机械强度，冷却速度可以尽量快。最大冷却速度为 $h_c = 65/a^2$，一般技术玻璃采用该值的 15%~20%，有的玻璃冷却速度控制为 $h_c = 2/a^2$。

　　当多种制品共用退火窑时，取退火温度低的数值作为退火温度，并延长保温时间；同组成不同规格的制品一起退火时，由薄制品确定退火温度，以免薄制品变形。升温、降温的速度由厚制品确定，以免厚制品破裂。考虑退火窑温度不均匀性，升降温速度应适当取小值，容易分相的玻璃制品退火时，退火温度不能过高，退火时间不能过长，次数要少。形状复杂、厚度大的制品的加热与冷却速度要慢。

淬火是把玻璃加热到软化温度以下、T_g 点以上 50~60 ℃后进行快速、均匀的冷却。淬火时，玻璃外部因迅速冷却而固化，而内部冷却比较慢，当内部继续收缩时使玻璃表面产生压应力，而内部为张应力。

淬火玻璃受载荷作用后上层的表面压应力增大了，而由载荷造成的张应力被下层的表面压应力部分抵消而比退火玻璃的小，同时其最大张应力不在表面而移向板中心。由于玻璃耐压强度比抗张强度大得多（约 10 倍），所以淬火玻璃在相同载荷下不易破裂，另外淬火过程中玻璃表面裂纹受强烈压缩，同样也使钢化玻璃抗弯强度更高。同理，当钢化玻璃骤然经受急冷时，在其外层产生的张应力被玻璃外层原存在方向的压应力抵消，使其抗冲击性和热稳定性大大提高。

7.7　玻璃的缺陷

玻璃缺陷指玻璃中存在的气泡、结石、条纹、节瘤等各种夹杂物。这些缺陷的存在直接影响玻璃制品的外观和内在性质，有时还影响进一步的成型、加工，可能成为废品。这些缺陷一旦形成就无法消除，所以在玻璃生产环节中要采取措施避免缺陷的产生。

气泡是玻璃中可见的气体夹杂物，是最常见的一种玻璃缺陷，一次气泡产生的原因为玻璃液澄清不良，没有将配合料中分解放出的气体全部排除。可以通过严格遵守配料与熔制制度、调整熔制制度、改变澄清剂种类和用量、适当改变玻璃成分、降低熔体的黏度和表面张力等措施减少气泡的产生。二次气泡是澄清好的玻璃液由于温度、气氛或压力波动而重新析出的微小气泡。耐火材料气泡是玻璃液与耐火材料间的物理化学作用产生的气泡，产生的原因为毛细管作用，玻璃液进入缝隙将气体挤出而成气泡。耐火材料所含铁氧化物对玻璃液中残留盐类的分解起着催化作用，这使玻璃液产生气泡。还原焰烧成的耐火材料表面或缝隙中会留有碳素，这些碳素与玻璃液中的变价氧化物作用也会生成气泡。可以通过提高耐火材料的质量降低气孔率，在熔制工艺操作上严格遵守作业制度，减少温度的波动等措施减少气泡的产生。

条纹与节瘤是与主体玻璃成分和性能不同的部分。条纹是条状、纤维状，节瘤是块状、片状、颗粒状。条纹和节瘤产生的原因为玻璃液化学成分不均匀、熔化不均匀、熔制制度不稳定、窑旋液滴、耐火材料被侵蚀结石熔化、还原气氛使熔体流动等。

结石是玻璃晶体中的夹杂物，也是玻璃中最危险的缺陷。结石不仅破坏玻璃制品的美观和光学性质均匀性，而且还对玻璃的内在性质影响极大，也是使玻璃制品出现开裂损坏是主要因素。结石包括配合料结石、耐火材料结石和析晶结石。

配合料结石是配合料中未熔化的颗粒，大多为石英颗粒，色泽呈白色，棱角模糊，表面常有沟槽，周围有一层 SiO_2 含量较高的无色圈，边缘往往会出现方石英和鳞石英的晶体。配合料结石的产生不仅与配合料的制备质量有关，而且也与熔制的加料方式、熔制温度的高低与波动等因素有关。

耐火材料结石是当耐火材料受到侵蚀剥落，或在高温下玻璃液与耐火材料相互作用后有些碎屑夹杂到玻璃制品中而形成的。

析晶结石来源于玻璃析晶，常见产生部位有玻璃液中界面处、熔窑池底、死角等，常见析晶结石有鳞石英与方石英（SiO_2）、硅灰石（$CaO \cdot SiO_2$）、失透石（$Na_2O \cdot 3CaO \cdot 6SiO_2$）、透辉石（$CaO \cdot MgO \cdot 2SiO_2$）及二硅酸钡（$BaO \cdot 2SiO_2$）等。

从玻璃缺陷的类型和产生原因可以看出，要避免玻璃产生各种缺陷，要在玻璃组成、配料制备、熔制制度、耐火材料选用、熔窑设计与施工等各方面采取措施，主要有优化玻璃料配方、提高配合料质量和投料质量、改进作业制度、使用优质耐火材料、改进熔窑结构和筑炉质量等。

7.8 玻璃固化技术的应用与前景

玻璃固化技术是一种较为节能环保的处理技术。玻璃固化技术降低了固体废弃物的体积，减少了堆积时占用大面积的土地，而且高温熔融后的熔渣可以作为路基材料、混凝土材料、沥青骨料等，达到资源化利用。利用工业固体废弃物制备玻璃，具有原料来源广、生产能耗低的优点，而且固体废弃物成分复杂，含有大量的助溶剂，能降低固废熔融温度，生产出的熔渣作为建筑材料，还能降低建筑成本。此外，玻璃固化技术能固化重金属，防止固废中重金属产生二次污染，改善环境。基于以上优点，玻璃固化技术是国内外无害化处理固体废弃物有效手段，是世界各国最为推崇的固化处理技术。目前，我国也开始利用玻璃固化技术处理工业固体废弃物。玻璃固化技术将有害废物混合均匀，经高温熔融冷却后而形成玻璃固化体。该法与其他方法相比，固化体性质极为稳定，可安全地进行处置。玻璃固化处理费用昂贵，适于处理极有害的化学废物和强放射性废物。

玻璃固化技术也是国内外较先进的垃圾焚烧飞灰无害化处理方法，可以彻底消除飞灰中的二噁英，保证固化重金属的长期稳定性，大大降低飞灰的体积同时，熔融渣能再利用于土木、建筑等材料，有效实现固废资源化。美国、法国、日本已经建成了一些基于热等离子体技术的处理装置，并商业化运行热等离子体高温熔融炉，能把垃圾高温热解、燃烧及灰渣在 1400 ℃ 以上熔融结合起来，不但可以处理城市固体垃圾，而且还能有效地处理传统垃圾焚烧炉不能处理的特种垃圾，同时还能有效抑制二噁英类毒性物质的形成。Tzeng 等人[32]利用直流热等离子体实验装置对核废料进行无害化处理，得到具有高附加值的熔渣。Chu 等人[33]利用等离子体对玻璃钢、刺网及废玻璃按不同比例混合的废物进行玻璃化处理，并进一步处理制取微晶玻璃。Ma 等人[34]利用直流热等离子体实验系统对飞灰中的重金属进行了有效的固化和降解。Kim 等人[36]对按不同比例混合的飞灰和污泥进行了熔融固化。Kim 等人[35]初步研究了玻璃熔融技术处理医疗废物的可行性。

发展核电是解决未来能源危机的方案之一，我国已把发展核电提升到国家战略高度。2020 年我国投入运行的核电装机容量达 4989 万千瓦。随着核电产业的飞速发展，放射性废物的处置也越来越受到人们的重视。2020 年，核电产生的乏燃料已达 1000 t[36]。放射性废物分为高放废物和中低放废物，需采取不同的方式加以处理处置。随着我国废物处置需求日趋紧迫，对玻璃固化体材料的研究与评价也显得越发重要。

参 考 文 献

［1］刘丽君. 我国高放废液玻璃固化技术四十年的发展［C］//中国核学会. 中国核科学技术进展报告（第四卷）中国核学会 2015 年学术年会论文集第 6 册（核化学与放射化学分卷、核化工分卷）. 北京：中国原子能出版社，2015：481-485.

［2］Quang D R, Pluche E, Christian L, et al. 法国玻璃固化计划的回顾［C］//核科技译丛编辑委员会. 国外核科技文献选编——核科技译丛十周年文集. 北京：中国原子能出版社，2014：592-598.

［3］柳伟平，高振，范承蓉，等. 法国高放废液玻璃固化技术最新进展［J］. 辐射防护，2014, 34（6）：404-406.

［4］Min B Y, Kang Y, Song P S, et al., Study on the vitrification of mixed radioactive waste by plasma arc melting［J］. Journal of Industrial and Engineering Chemistry, 2007, 13（1）：57-64.

［5］宋云，陈明周，刘夏杰，等. 低中水平放射性固体废物玻璃固化熔融炉综述［J］. 工业炉，2012, 34（2）：16-20.

［6］Yang K H, Shin S W, Moon C K. Commissioning tests of the ulchin LLW vitrification facility in Korea-9107［C］//WM 2009 Conference, 2009.

［7］徐建华. 冷坩埚玻璃固化熔融技术浅析［R］. 中国核学会核化学与放射化学分会，2006.

［8］Zhao P. Destruction of inorganic municipal solid waste incinerator fly ash in a DC arc plasma furnace［J］. Journal of Hazardous Materials, 2010, 181（1）：580-585.

［9］Guo B. The mechanisms of heavy metal immobilization by cementitious material treatments and thermal treatments: A review [J]. Journal of Environmental Management, 2017, 193 (S C): 410-422.

[10] Guo B. Immobilization mechanism of Pb in fly ash-based geopolymer [J]. Construction and Building Materials, 2017, 134 (S C): 123-130.

[11] 马增益. 危险废物焚烧及焚烧飞灰熔融固化一体化方法和系统: 中国, CN201110149463. 0 [P]. 2011-10-19.

[12] 刘德绍. 废弃物熔融固化处理系统及方法: 中国, CN201611251937. 1 [P]. 2017-03-22.

[13] 王华, 云南铜业股份有限公司, 楚雄滇中有色金属有限责任公司. 一种重金属污泥高温熔融固化方法: 中国, CN201610039473. 1 [P]. 2016-05-04.

[14] Chou I C, Kuo Y M, Lin C, et al. Electroplating sludge metal recovering with vitrification using mineral powder additive [J]. Resources, Conservation and Recycling, 2012, 58: 45-49.

[15] Chou I C. Effect of NaOH on the vitrification process of waste Ni-Cr sludge [J]. J Hazard Mater, 2011, 185 (2/3): 1522-1527.

[16] Basegio T, et al. Vitrification: an alternative to minimize environmental impact caused by leather industry wastes [J]. J Hazard Mater, 2009, 165 (1/2/3): 604-611.

[17] Leal Vieira Cubas A, et al. Inertization of heavy metals present in galvanic sludge by DC thermal plasma [J]. Environ Sci Technol, 2014, 48 (5): 2853-2861.

[18] Abreu M A, Toffoli S M. Characterization of a chromium-rich tannery waste and its potential use in ceramics [J]. Ceramics international, 2009, 35 (6): 2225-2234.

[19] 张深根. 微晶玻璃及其制备方法: 中国, CN201610220694. 9 [P]. 2016-08-03.

[20] Yang J, et al. Treatment method of hazardous pickling sludge by reusing as glass-ceramics nucleation agent [J]. Rare Metals, 2016. 35 (3): 269-274.

[21] Zhang S G, et al. One-step crystallization kinetic parameters of the glass-ceramics prepared from stainless steel slag and pickling sludge [J]. Journal of Iron and Steel Research, International, 2016, 23 (3): 220-224.

[22] 张深根. 一种微晶玻璃及其制备方法: 中国, CN201110119884. 9 [P]. 2011-10-12.

[23] 方久华, 杨峰, 左明扬, 等. 玻璃配合料中铬渣最大允许用量研究 [J]. 无机盐工业, 2015, 47 (1): 18-21.

[24] 方久华, 左明扬, 杨峰, 等. 以废渣配制玻璃着色剂的研究 [J]. 硅酸盐通报, 2015, 34 (9): 2731-2734.

[25] 肖汉宁, 时海霞, 陈钢军. 利用铬渣制备微晶玻璃的研究 [J]. 湖南大学学报 (自然科学版), 2005 (4): 82-87.

[26] 王承遇, 陈敏, 陈建华. 玻璃制造工艺 [M]. 北京: 化学工业出版社, 2006.

[27] 卢安贤. 新型功能玻璃材料 [M]. 长沙: 中南大学出版社, 2005.

[28] 李启甲. 功能玻璃 [M]. 北京: 化学工业出版社, 2004.

[29] 周艳艳, 张希艳. 玻璃化学 [M]. 北京: 化学工业出版社, 2003.

[30] 杨健. 含铬钢渣制备微晶玻璃及一步热处理研究 [D]. 北京: 北京科技大学, 2016.

[31] Deng W, Gong Y, Cheng J S. Liquid-phase separation and crystallization of high silicon

canasite-based glass ceramic ［J］. Journal of Non-Crystalline Solids，2014，385：47-54.

［32］ Tzeng C C. Treatment of radioactive wastes by plasma incineration and vitrification for final disposal ［J］. Journal of Hazardous Materials，1998，58（1）：207-220.

［33］ Chu J P. Plasma vitrification and re-use of non-combustible fiber reinforced plastic，gill net and waste glass ［J］. Journal of Hazardous Materials，2006，138（3）：628-632.

［34］ Ma W. Volatilization and leaching behavior of heavy metals in MSW incineration fly ash in a DC arc plasma furnace ［J］. Fuel，2017，210（S C）：145-153.

［35］ Kim H I，Park D W. Characteristics of fly ash/sludge slags vitrified by thermal plasma ［J］. Journal of Industrial and Engineering Chemistry，2004，10（2）：234-238.

［36］ 王铁山，彭海波，刘枫飞，等. 高放废物玻璃固化体的辐照效应研究进展 ［J］. 原子能科学技术，2017，51（6）：967-974.